园艺园林专业系列教材

园林技术专业实训指导

潘文明 主编

苏州大学出版社

图书在版编目(CIP)数据

园林技术专业实训指导/潘文明主编. —苏州：苏州大学出版社,2009.7(2018.7 重印)
（园艺园林专业系列教材）
ISBN 978-7-81137-239-7

Ⅰ.园… Ⅱ.潘… Ⅲ.园林植物－观赏园艺－高等学校：技术学校－教学参考资料 Ⅳ.S68

中国版本图书馆 CIP 数据核字(2009)第 132691 号

园林技术专业实训指导

潘文明 主编

责任编辑 徐 来

苏州大学出版社出版发行
（地址：苏州市十梓街1号 邮编：215006）
虎彩印艺股份有限公司印装
（地址：东莞市虎门镇北栅陈村工业区 邮编：523898）

开本 787 mm×1 092mm 1/16 印张 12.25 字数 296 千
2009 年 7 月第 1 版 2018 年 7 月第 5 次印刷
ISBN 978-7-81137-239-7 定价：26.00 元

苏州大学版图书若有印装错误，本社负责调换
苏州大学出版社营销部 电话：0512-67481020
苏州大学出版社网址 http://www.sudapress.com

园艺园林专业系列教材
编委会

顾　问：蔡曾煜
主　任：成海钟
副主任：钱剑林　潘文明　唐　蓉　尤伟忠
委　员：袁卫明　陈国元　周玉珍　华景清
　　　　束剑华　龚维红　黄　顺　李寿田
　　　　陈素娟　马国胜　周　军　田松青
　　　　仇恒佳　吴雪芬　仲子平

前　言

近年来，随着我国经济社会的发展和人们生活水平的不断提高，园艺园林产业发展和教学科研水平获得了长足的进步，编写贴近园艺园林科研和生产实际需求、凸显时代性和应用性的职业教育与培训教材便成为摆在园艺园林专业教学和科研工作者面前的重要任务。

苏州农业职业技术学院的前身是创建于1907年的苏州府农业学堂，是我国"近现代园艺与园林职业教育的发祥地"。园艺技术专业是学院的传统重点专业，是"江苏省高校品牌专业"，在此基础上拓展而来的园林技术专业是"江苏省特色专业建设点"。该专业自1912年开始设置以来，秉承"励志耕耘、树木树人"的校训，培养了以我国花卉学先驱章守玉先生为代表的大批园艺园林专业人才，为江苏省乃至全国的园艺事业发展做出了重要贡献。

近几年来，结合江苏省品牌、特色专业建设，学院园艺专业推行了以"产教结合、工学结合，专业教育与职业资格证书相融合、职业教育与创业教育相融合"的"两结合两融合"人才培养改革，并以此为切入点推动课程体系与教学内容改革，以适应新时期高素质技能型人才培养的要求。本套教材正是这一轮改革的成果之一。教材的主编和副主编大多为学院具有多年教学和实践经验的高级职称的教师，并聘请具有丰富生产、经营经验的企业人员参与编写。编写人员围绕园艺园林专业的培养目标，按照理论知识"必需、够用"、实践技能"先进、实用"的"能力本位"的原则确定教学内容，并借鉴课程结构模块化的思路和方法进行教材编写，力求及时反映科技和生产发展实际，力求体现自身特色和高职教育特点。本套教材不仅可以满足职业院校相关专业的教学之需，也可以作为园艺园林从业人员技能培训教材或提升专业技能的自学参考书。

由于时间仓促和作者水平有限，书中错误之处在所难免，敬请同行专家、读者提出意见，以便再版时修改！

园艺园林专业系列教材编写委员会

编写说明

本书根据教育部《关于加强高职高专教育人才培养工作的意见》和《关于制定高职高专专业教学计划的原则意见》的精神编写,主要供全国高等农业职业技术学院普通高职高专和五年制高职园林技术大类专业学生使用,其他相近专业也可参考使用。

本书是在针对园林技术专业大类的职业岗位群进行分析研究后,根据园林植物、园林设计和园林工程三大岗位群所需要的基本知识与技能,强化职业能力培养和训练,为学生就业打下良好的基础。这是一本尝试以就业能力培养为主线编写的高职高专教材,它不同于单科教材,它既可以适用于园林技术专业高年级学生进行能力强化训练,也可以适用于具有一定基础知识的普通人员短期强化训练,使其达到岗位能力要求,进而成为园林技术专业的实用人才。

在编写过程中我们始终坚持把实用性放在第一位,突出能力培养,在内容上融合了园林技术专业十几门课程的相关知识,共有二十多个实训;在体例上进行了一定程度的创新,尽量将新技术、新材料和新成果编入教材,努力编出特色。本书编写参考了国内外有关著作、论文及园林设计作品等,未在书中一一注明,具体见书后参考文献。

本书由潘文明主编,黄顺、陈立人、马国胜参加了编写,并特邀苏州市运河公园管理处黄志新同志和相城区农发局赵仁华同志参与编写工作,尤伟忠副教授对书稿进行了审读。

编 者

目录

第1章 园林植物识别

1.1 园林树木识别 …… 001
1.2 园林花卉识别 …… 019

第2章 园林植物栽培与养护实训（含植保）

2.1 园林树木栽培与养护实训 …… 037
2.2 园林花卉生产与养护实训 …… 049
2.3 园林苗木生产实训 …… 061
2.4 草坪建植与养护实训 …… 075
2.5 园林植物病虫害及其防治实训 …… 103

第3章 园林绿地测绘与设计实训

3.1 园林绿地测绘实训 …… 114
3.2 各类园林绿地设计实训 …… 121

第4章 园林工程预算与施工实训

4.1 园林工程施工放样 …… 139
4.2 园路工程预算编制 …… 141
4.3 园林小品工程预算编制 …… 143
4.4 假山及塑假石山工程预算编制 …… 145
4.5 城市小游园预算编制 …… 147

4.6 园林工程施工 ·· 148

第5章 毕业论文(设计)实训指导

5.1 毕业论文(设计)工作的重要性和基本要求 ·················· 159
5.2 毕业论文(设计)选题 ·· 160
5.3 毕业论文(设计)指导 ·· 161
5.4 毕业论文(设计)答辩 ·· 169

附录 苏州农业职业技术学院园林技术专业(含园林工程技术)教学计划
·· 176

参考文献 ·· 187

第 1 章 园林植物识别

本章导读

园林植物的识别包括种子识别、实物识别和标本识别。园林植物包括一年生、二年生花卉,球根、宿根花卉,水生、湿生花卉,多浆多肉植物、盆栽木本花卉和露地树木等。我们不仅要能识别一些常见的花卉种类,更要掌握识别花卉的方法,能利用一些工具(如扩大镜等)和工具书(如植物检索表、植物志、树木志等)对有些不认识的植物进行鉴别,直到识别为止。

实训目标 了解园林树木、园林花卉的教学内容;熟悉园林树木、园林花卉的分类标准(含科、属、种);掌握常见园林树木、园林花卉识别方法(以长三角地区为主);能够独立用实物、标本或图片的形式识别常见园林树木、园林花卉各不少于100种。识别时不仅要了解其形态特征,而且要了解其生态特性,从而为园林植物的种植、养护管理服务。

 ## 1.1 园林树木识别

1.1.1 叶及叶序的观察

目的要求

叶的外部形态和叶序的类型是鉴定树木种类的重要依据之一。本实训的主要目的就是通过对树木叶及叶序的观察,掌握叶的外部形态,叶各部分的鉴别特征,叶脉类型及单、复叶的区别原则。具体如下:

(1) 叶:完全叶、叶片、叶柄、托叶、叶腋、单叶、复叶、总叶柄、叶轴、小叶。
(2) 脉序:网状脉、羽状脉、三出脉、离基三出脉、平行脉、掌状脉、主脉、侧脉、细脉。
(3) 叶序:互生、对生、轮生、簇生、螺旋状着生。
(4) 叶形:鳞形、锥形、刺形、条形、针形、披针形、倒披针形、匙形、卵形、倒卵形、圆形、长圆形、椭圆形、菱形、三角形、心形、肾形、扇形。

（5）叶先端：尖、微凸、凸尖、芒尖、尾尖、渐尖、骤尖、钝、截形、微凹、凹缺、倒心形、二裂。

（6）叶基：楔形、截形、圆形、耳形、心形、偏斜、盾状、合生穿茎。

（7）叶缘：全缘、波状、锯齿、重锯齿、三浅裂、掌状裂、羽状裂。

（8）复叶类型：单身复叶、二出复叶、掌状三出复叶、羽状三出复叶、奇数羽状复叶、偶数羽状复叶、二回羽状复叶、三回羽状复叶、掌状复叶。

（9）叶的变态：托叶刺、卷须、叶鞘。

材料与用具

苹果、大叶黄杨、桃、毛白杨、垂柳、无花果、梨、鹅掌楸、油松、七叶树、刺五加、棕榈、女贞、枸杞、珊瑚树、夹竹桃、刺槐、合欢、竹、红瑞木、银杏、雪松、皂荚、胡枝子、柑橘、葡萄、紫叶小檗、酸枣等树种的带叶枝条。事先做几套叶形、叶尖、叶基、叶缘、单叶、复叶、叶脉类型的蜡叶标本。可根据各地区或一年四季的变化，选取各种材料，只要满足本实验的观察要求即可。

内容与方法

1. 观察叶的组成

取苹果或其他种类（根据各地情况，选择代表树种）带叶枝条，可看到叶柄基部两侧各有一片小叶，即为托叶。叶片与枝之间有叶柄相连，叶片锯齿缘。凡由托叶、叶柄、叶片三个部分组成的叶，叫做完全叶。如果缺少其中的一部分或两部分的叶，叫做不完全叶。

对准备的实验材料（新鲜的或压制成的蜡叶标本）逐一进行观察，并填写表1-1，说明哪些是完全叶，哪些不是完全叶。

表1-1 完全叶和不完全叶的代表树种

序号	完全叶	不完全叶	序号	完全叶	不完全叶

2. 叶形、叶尖、叶基、叶缘的观察

取马褂木叶片进行观察，具有4~6个裂片，外形似马褂，叶基为宽楔形，裂片全缘，叶先端下凹。

观察其他实验材料中的叶形（参照图1-1）、叶尖、叶基，它们各有什么特点？

观察时，请参照形态术语中"叶"部分。

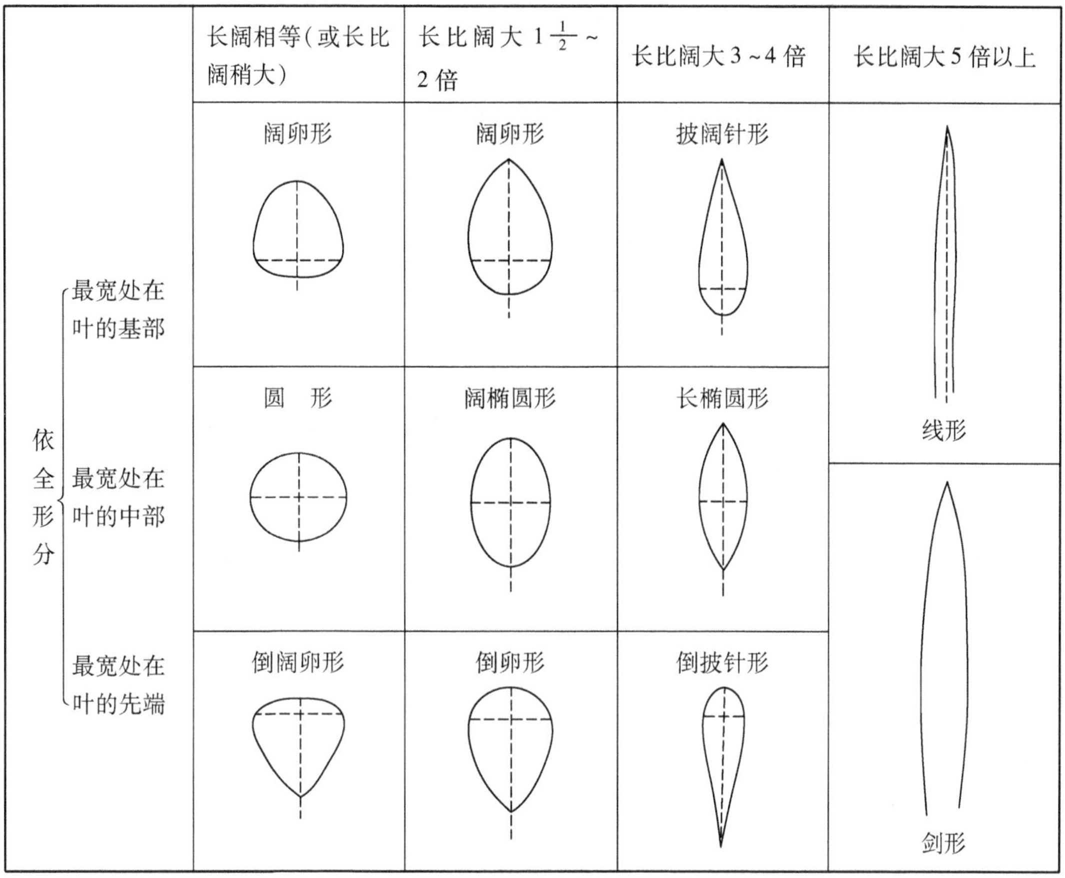

依全形分		长阔相等(或长比阔稍大)	长比阔大 $1\frac{1}{2}$~2倍	长比阔大 3~4 倍	长比阔大 5 倍以上
	最宽处在叶的基部	阔卵形	阔卵形	披阔针形	线形
	最宽处在叶的中部	圆形	阔椭圆形	长椭圆形	
	最宽处在叶的先端	倒阔卵形	倒卵形	倒披针形	剑形

图 1-1　单叶的各种形态

3．叶脉种类

（1）取珊瑚树(或其他代表种类)叶,叶片中间有一条明显的主脉,两侧有错综复杂的网状脉。观察毛白杨(各地根据情况选择代表种类)的叶片,叶片基部即分出几条侧脉,直达叶片顶端,这种叶脉叫做掌状脉(网状脉的一种)。网状脉是双子叶植物的特征。

（2）观察竹类的叶脉,中间有一条主脉,两侧有多条与主脉平行的侧脉。平行脉是单子叶植物的特征。

（3）观察红瑞木的叶片,其特点是侧脉呈弧状,在叶先端汇合。

观察其他实验材料,说明它们属于哪种叶脉类型。

4．叶序类型观察

取毛白杨枝条,观察叶的着生情况,发现叶成螺旋状排列,每个节上着生一叶,这种叶序是互生。

取大叶黄杨枝条,看到每个节上有两叶相对着生,这种叶序是对生。

观察夹竹桃的枝条,发现在枝条的每个节上着生三叶,这种叶序是轮生。

观察雪松针叶在长枝上的着生,发现叶是螺旋状散生的,排列很多,这叫螺旋状着生。

观察银杏叶在短枝上的着生方式,发现数叶着生在短枝上,这种着生方式叫簇生。

请观察其他实验材料,说明它们属于哪种叶序类型。

5. 单叶和复叶的观察

(1) 取梨叶和月季叶进行观察,发现它们的叶有很大区别,填写表1-2。

表1-2 梨叶和月季叶的区别

区别特征	梨	月 季
叶数量	1	3～5
叶基部	有侧芽	小叶基部无侧芽
枝顶(叶轴顶)	枝有顶芽	叶轴顶端无芽
叶脱落	着生小枝不脱落	小叶与叶轴一起脱落

(2) 取合欢的叶和刺槐的叶进行对比观察,发现它们都是复叶,但刺槐是一回奇数羽状复叶,合欢是二回偶数羽状复叶。取七叶树和胡枝子的叶进行观察,发现七叶树是七小叶发自叶柄先端,各具小叶柄,这是掌状复叶,而胡枝子是三小叶,称为三出复叶。

观察其他实验材料,指出它们哪些是单叶,哪些是复叶,各属于哪种复叶类型。

6. 叶变态观察

取刺槐、酸枣枝条,发现叶基两侧有两枚刺,这是由托叶变化而来,称为托叶刺。紫叶小檗的叶变为叉状叶刺。

观察毛白杨、大叶黄杨、珊瑚树枝条的顶芽,可见到层层芽鳞,这些芽鳞就是由叶变态而成。

叶变态后,都不能进行光合作用,而是起保护作用。

作业

(1) 每人绘出下列形态术语的示意图:羽状脉、三出脉、平行脉、五出脉、掌状三出复叶、羽状三出复叶、奇数羽状复叶、偶数羽状复叶、一回奇数羽状复叶、二回奇数羽状复叶。

(2) 利用课余时间对校园各树种的叶进行观察,并填写表1-3。

表1-3 叶的形态术语观察记录表

序号	形态术语	树　种	序号	形态术语	树　种

1.1.2 茎及枝条类型的观察

目的要求

通过对树木树皮外观、枝条形态及芽形状的观察,掌握下列术语:

(1) 芽：顶芽、侧芽、假顶芽、柄下芽、并生芽、叠生芽、裸芽、鳞芽。
(2) 枝条：节、节间、叶痕、叶迹、托叶痕、芽鳞痕、皮孔、髓中空、片状髓、实心髓。
(3) 枝条变态：枝刺、卷须、吸盘。
(4) 树皮：光滑、粗糙、细纹裂、块状裂、鳞状裂、浅纵裂、深纵裂、片状剥落、纸状剥落、横向浅裂。

材料与用具

大叶黄杨芽、枫杨芽、加杨枝条、英国梧桐（二球悬铃木）枝条、杜仲枝条、金银木枝条、刀片。

实验时请参照本书形态术语中"枝条"部分。

内容与方法

1. 芽形态观察

取大叶黄杨顶芽，用利刀将其正中剖开，用放大镜就可见到中央有一圆锥体，为茎尖，四周被许多幼叶层层包裹，最外围的数层与幼叶在质地、形态上均不同，称为芽鳞。鳞片具有厚的角质层，保护芽内部组织安全过冬，这种芽称为鳞芽。取枫杨的芽，发现其外围没有芽鳞包被，称为裸芽。

2. 枝条的形态

取加杨的枝条进行观察，着生叶的部位叫节，两节之间的部位为节间。在叶与节之间着生芽的部位叫叶腋；叶腋内着生的芽叫腋芽或侧芽；在枝条顶端着生的芽叫顶芽。秋季叶脱落后，在枝条上留下的痕迹称为叶痕；叶痕上有一定数目和排列方式的维管束痕迹，叫叶迹；在枝条上还可看到芽鳞脱落后的痕迹，叫芽鳞痕。树皮上散布着小裂口，叫皮孔。加杨的分枝方式为单轴分枝，因而有明显的粗而直的主干。

取英国梧桐的枝条，用同样的方法观察节、节间、叶腋、腋芽、顶芽、叶痕等部分。它的分枝方式与加杨不同，是合轴分枝。其特点是枝条的顶芽生长不正常或死亡，顶芽附近的一个腋芽代替顶芽发育成新枝，结果使枝条偏斜，侧枝上的顶芽到一定时期又停止生长或死亡，依次腋芽代替，这种分枝方式为合轴分枝。仔细检查其叶腋内并没有芽，将叶柄掰掉，发现在叶柄基部内有一芽，这叫柄下芽。

3. 髓心观察

取杜仲枝条，从中央剖开，发现其髓心是一片一片的，叫片状髓。

取金银木枝条，用枝剪剪断，发现是空心的，叫空心髓，也叫小枝中空。

取加杨枝条，用枝剪剪断，发现是实心髓。

作业

(1) 绘出下列形态术语的示意图：顶芽、侧芽、假顶芽、柄下芽、并生芽、叠生芽、片状髓。
(2) 利用课余时间对校园各树种的树皮进行观察，并填写表1-4。

表1-4　茎的形态术语观察记录表

序号	形态术语	树种	序号	形态术语	树种

1.1.3　花及花序的观察

目的要求

认识花的形态和基本结构，了解花在形成果实和种子过程中的作用。通过实验观察，了解花的多样性和花序的类型。重点掌握下列形态术语的概念。

（1）花：完全花、不完全花、两性花、单性花、花被、单被花、双被花。

（2）花冠类型：蔷薇形花冠、蝶形花冠、筒状花冠、漏斗状花冠、钟状花冠、唇形花冠。

（3）雄蕊类型：单体雄蕊、两体雄蕊、二强雄蕊、多体雄蕊。

（4）花序类型：穗状花序、葇荑花序、头状花序、肉穗花序、隐头花序、总状花序、伞房花序、伞形花序、圆锥花序。

材料与用具

新鲜或保存于5%福尔马林液里的苹果花、梨花、月季花（单瓣）、国槐花、刺槐花、珍珠梅花、毛白杨花（雄花序和雌花序）、无花果花、泡桐花、玉兰花等。镊子、解剖针、放大镜、刀片等。

实验时请参照本书形态术语中"花"的部分。

内容与方法

1. 月季花的观察（参照图1-2）

用镊子取一朵月季花，从花的外方向内依次观察。首先看到在最外面的绿色小片，这就是萼片，排列组成一轮，合称花萼。有保护花蕾的作用，并能进行光合作用。在花萼的内方是花冠，由五片红色的花瓣组成，相互分离（属于离瓣花），辐射对称，这种花冠称为蔷薇

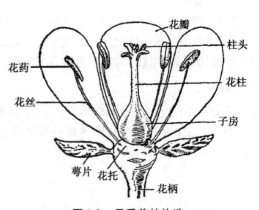

图1-2　月季花的构造

形花冠。花瓣是花中最显著的部分,与萼片互生排列。在花冠内方,可见多枚雄蕊。中央部分是雌蕊,有柱头、花柱和子房。

桃花、梨花、苹果花都可以用来观察,每一种植物花部的组成情况是不同的,但其基本结构是一致的。根据各地的植物分布、季节变化、取材的难易,可加以选择用材。

2. 花多样性的观察

取苹果花,剖开花朵,可见雌蕊和雄蕊,这类花叫两性花。观察毛白杨的花,只能见到雄蕊或雌蕊,这类花叫单性花,雄蕊和雌蕊同时长在不同的植株上,叫雌雄异株。此外,由于植物种类不同,花的结构组成也有差异,如柳树花无花萼、花冠,只有雄蕊或雌蕊,这类花叫无被花。白玉兰的花萼和花瓣极为相似,这类花叫同被花。还有一种花仅有花萼或花冠,这类花是单被花。请观察其他实验材料是否有单被花。

3. 花序的观察

取刺槐的花序进行观察,能看到在花轴上有规律地排列着花朵,每朵花都有一个花柄与花轴相连,在整个花轴上有不同发育程度的花朵,着生在花轴下面的花朵发育较早,而接近花轴顶部的花发育较迟,这类花序叫总状花序。

取梨的花序进行观察,看到每朵花有近等长的花柄,在花轴顶端辐射状着生,外形很像一把撑开的伞。花序上花的发育有迟有早,在伞形外围的花朵发育较早,靠中央的花发育较迟,这种类型的花序叫伞形花序。

观察国槐的花序,在总花梗上着生的不是单花,而是一个总状花序,这类花序叫圆锥花序。

取紫穗槐的花序进行观察,有一总花梗,小花梗极短,生于总花轴上,密集,这类花序叫穗状花序。

请观察其他材料,指出它们都属于什么花序类型。

以上介绍的仅仅是部分花序类型,此外还有多种,可参考下列检索表加以划分:

1. 花轴可继续向上生长,花轴下部花或边缘花先开(无限花序)……………… 2
1. 花轴不能继续生长,顶端花先开放(有限花序)……………………………… 9
2. 花轴长,花轴上的花由基部向顶端开放……………………………………… 3
2. 花轴短缩,花轴上的花由外向内开放………………………………………… 7
3. 花无柄……………………………………………………………………………… 4
3. 花有柄……………………………………………………………………………… 6
4. 花轴软而下垂……………………………………………………………… 柔荑花序
4. 花轴直立…………………………………………………………………………… 5
5. 花轴肉质化………………………………………………………………… 肉穗花序
5. 花轴非肉质化……………………………………………………………… 穗状花序
6. 花柄相等…………………………………………………………………… 总状花序
6. 花柄不等长………………………………………………………………… 伞房花序
7. 具等长的花柄……………………………………………………………… 伞形花序
7. 花无柄……………………………………………………………………………… 8
8. 花轴顶端膨大呈头状或扁平……………………………………………… 头状花序

8. 花轴顶端膨大,中央部分下陷呈囊状 ················· 隐头花序
9. 花轴顶芽发育成花后,仅有一个侧芽相继发育成花 ············ 单歧聚伞花序
9. 花轴顶芽发育成花后,有两个或两个以上侧芽相继发育成花 ········ 10
10. 同时生出两等长侧枝,其顶发育成花 ················· 二歧聚伞花序
10. 在它下面发生几个侧枝,其顶发育成花 ················ 多歧聚伞花序

作业

(1) 每人绘出下列形态术语的示意图:穗状花序、葇荑花序、总状花序、伞房花序、伞形花序、圆锥花序。

(2) 利用课余时间在开花期对校园各种树的花进行观察,并填写表1-5。

表1-5 花的形态术语观察记录表

序号	形态术语	树　　种	序号	形态术语	树　　种

【知识链接】

花是植物的生殖器官,是变态的枝条。花托就是茎的缩短部分,在花托上所生的变态叶即花叶,包括花萼、花冠、雄蕊、雌蕊,由外向内依次排列在花托上。不管花的形态结构怎样变化,凡是一朵典型的花,总是由以下几部分组成。花的最外层有几片绿色小片叫萼片,所有的萼片叫花萼。紧靠花萼的通常颜色鲜艳的叶状结构叫花瓣,所有的花瓣称花冠。花萼和花冠合称花被。花冠内有雄蕊,每个雄蕊由一细长花丝和花丝顶端囊状的花药组成。在花的中央有个瓶状结构叫雌蕊。雌蕊的顶端叫柱头,靠基部的瓶状结构叫子房。连接柱头和子房的部分叫花柱。每朵花常有一个花柄与茎枝相连。

花在花枝上按一定的次序排列,形成了一定类型的花序。着生花的部分叫花轴,花轴与小枝相连。花轴生长方式不同,所形成的花序类型也不同,一般分为两大类:无限花序和有限花序。无限花序是指花轴可以连续不断地生长,花轴下部的花先开放,逐渐向上部发展,或者花轴较短,花朵密集,边缘的花先开,逐渐向中央发展。有限花序是花轴的伸长受到顶端花朵的限制,顶端的花最先开放,逐渐向下,或自中央向外围发展。

花和花序是鉴别树种最主要的特征之一,因为它们具有稳定的遗传特性。

1.1.4 果及果序的观察

果实,一般在开花受精后,由花内子房发育而成。子房内完成受精后的胚珠发育成种子,子房壁同时生长并发生一系列的变化,发育成果皮。这种由子房发育而成的果实叫真果,但果实并不是仅由子房发育而来,有时花的其他部位,如花托、花序轴等都参与果实的形

成,这类果实叫假果。

目的要求

了解果实的形态构造,认识果实的各种类型:

(1) 聚合果:聚合蓇葖果、聚合核果、聚合浆果、聚合瘦果。

(2) 聚花果。

(3) 单果:蓇葖果、荚果、蒴果、瘦果、颖果、角果、翅果、坚果、浆果、柑果、梨果、核果。

材料与用具

新鲜或干制或浸制的果实标本,如桃、苹果、广玉兰、无花果、紫丁香、悬钩子等树种的果实。刀片、钳子。

实验时请参照本书形态术语中"果实"部分。

内容与方法

1. 桃果实的观察

先观察桃果实的外形,特别是尚未成熟的果实,其表面有毛,在果实的一侧有条凹槽,这是心皮的背缝线的连接处,说明桃果实的子房壁由单个心皮组成。果实表皮有毛,是外表皮上的附属物,果实上还有角质层或蜡质(幼果尤为突出)。

用刀片切开果实,看到外果皮以内直至中间坚硬的桃核,这厚厚的一层俗称桃肉,是中果皮,它由许多层薄壁细胞组成,细胞内富含各种有机物质,如有机酸、糖等。坚硬部分为桃核,是内果皮,它由子房的内壁发育而来,细胞特化,全为硬细胞,所以桃核特别坚硬。用钳子夹开桃核,才能见到由胚珠发育成的种子。这类果实叫核果。

2. 苹果果实观察(图1-3)

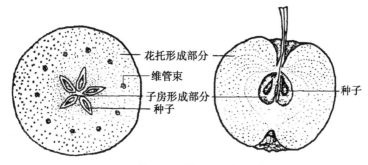

图1-3 苹果果实横切和纵切示意图

把一只苹果纵切为二,另一只苹果横切。苹果果皮外表面光滑而富有蜡质,能防止果实失水和病虫害的侵入,中间是多汁的果肉。在果实横切面上,用肉眼可见在果肉中的束状排列的小点,这是维管束的横切面。在果实中央分成5室,每室内有成对的种子。果室呈膜状,半木质化,这些果室是真正的果实部分,是由5个心皮组成的子房发育而来,而人们食用的肥厚多汁的果肉,是由花托形成的,因此,苹果的果实除了子房发育以外,花托部分也参与了果实的形成,这样的果实叫假果。苹果的果实类型属于梨果。

以上解剖的桃和苹果,都是由一朵花内的一个雌蕊经传粉、受精,不断生长发育而形成的,称为单果。

3. 广玉兰果实的观察

春天开放的广玉兰花,到了秋冬结成纺锤状的果实。仔细观察成熟的果实,可见到一个一个开裂的小果,裂缝中有鲜红色的种子。每一个小果都是由一个雌蕊的子房发育而来。即广玉兰一朵花里有许多雌蕊,它们分别形成果实,集生于同一个隆起的花托上,这类果实称为聚合果。

4. 桑树果实的观察

桑树的果实俗称桑椹。可食用的果肉由花萼变化而来。食用时,感到的硬粒是真正的果实,这类果实称为聚花果。

以上观察的只是部分果实类型,根据果实的结构组成、果皮质地、开裂与否等情况,又可分为各种类型。具体分类参见下面的果实类型检索表。

```
 1. 由一朵花的单个子房形成的果实(单果) ……………………………………… 2
 1. 果实由多个子房形成 …………………………………………………………… 14
 2. 果皮肉质 ………………………………………………………………………… 3
 2. 果皮干燥 ………………………………………………………………………… 6
 3. 子房壁肉质,具一个或几个心皮 ……………………………………………… 5
 3. 部分果皮肉质 …………………………………………………………………… 4
 4. 外果皮薄,中果皮肉质,内果皮石质,单心皮,只有一个种子 ……………… 核果
 4. 果皮外部肉质,内部纸质,花托肉质,几个心皮,种子多数 ………………… 梨果
 5. 子房壁有硬的外皮 ……………………………………………………………… 瓠果
 5. 子房壁有革质外皮 ……………………………………………………………… 柑果
 6. 果实开裂 ………………………………………………………………………… 7
 6. 果实不开裂 ……………………………………………………………………… 10
 7. 单心皮 …………………………………………………………………………… 8
 7. 两个或多个心皮 ………………………………………………………………… 9
 8. 沿两条缝线开裂 ………………………………………………………………… 荚果
 8. 沿一条缝线开裂 ………………………………………………………………… 蓇葖果
 9. 两个或多个心皮,开裂方式多样 ……………………………………………… 蒴果
 9. 两心皮,成熟时分离,假隔膜宿存 …………………………………………… 角果
10. 果皮外延呈翅状 ………………………………………………………………… 翅果
10. 果皮不为翅状 …………………………………………………………………… 11
11. 两个或多个心皮,未成熟时联合,成熟时分开 ……………………………… 分果
11. 一般为一个心皮,若有多个心皮,成熟时不开裂,果实只有一个种子 …… 12
12. 种子与果皮全部愈合 …………………………………………………………… 颖果
12. 种子与果皮不愈合 ……………………………………………………………… 13
13. 果实大,果壁厚,石质 …………………………………………………………… 坚果
13. 果实小,果皮薄 ………………………………………………………………… 瘦果
14. 一朵花形成的果实 ……………………………………………………………… 聚合果
14. 整个花序形成的果实 …………………………………………………………… 聚花果
```

作业

（1）每人绘出下列形态术语的示意图：蓇葖果、荚果、坚果、核果、柑果、梨果、浆果。

（2）利用课余时间在果熟期对校园内各种树的果实进行观察，并填写表1-6。

表1-6　果的形态术语观察记录表

序号	形态术语	树　　种	序号	形态术语	树　　种

1.1.5　园林树木检索表的编制

目的要求

分类检索表是鉴别植物必不可少的工具，本实训的主要目的就是通过对校园内树种进行形态观察和查阅有关书籍，列出校园树种名录，并根据检索表编制原则，将树种名录内的所有树种编制成检索表，从而学会检索表的编制方法。

本实训在课余时间进行，贯穿整个教学活动，从开始授课即要求学生在课余时间进行树种形态特征观察，最后汇总调查结果并编制检索表。

材料与用具

当地植物志、树木志、树木图谱、分类检索表、树种形态特征观察记录表。

内容与方法

（1）对校园内所有树种进行形态特征观察并做好记录，填写表1-7。

表1-7　树种形态特征观察记录表

树种名称：

序　号	内　容	主　要　特　征
1	性状	
2	树皮	
3	小枝	
4	叶类型	
5	叶缘	
6	叶序	
7	花	

续表

序号	内容	主要特征
8	花序	
9	果	
10	种子	

观察人：　　　　　　　　　　　　　　　　　年　月　日

说明：

性状：指乔木、灌木、藤本，树形是什么样。

树皮：颜色、皮孔形状、树皮光滑还是开裂、有无剥落、有无皮刺等。

小枝：颜色、形状、芽的情况、有无枝刺等。

叶类型：指单叶、复叶类型。

花：花冠类型、颜色、雄蕊、雌蕊、开花期。

果：果实类型、颜色、成熟期。

种子：种子形状、颜色、有无附属物。

（2）汇总调查记录，并编制校园内的树种名录。

（3）根据平行式检索表的编制原则，借助有关书籍，将树种名录内的所有树种编制成平行检索表。

（4）检索表编制完毕后，要对树种进行查阅，以检查检索表是否准确。

作业

对校园内树种进行调查，编制树种名录；并将树种名录内树种编制成平行检索表。

1.1.6　鉴定裸子植物标本

目的要求

培养学生识别、鉴定树木标本的基本技能；通过实训巩固课堂理论知识；掌握各树种的形态描述及识别要点；通过对相近树种形态进行对比观察，掌握其区别特征。

材料与用具

裸子植物各树种的蜡叶标本、新鲜标本。

内容与方法

（1）将要鉴定的树木标本放入标本盒，并编号。

（2）根据课堂所学科、属的形态特征，将标本分科、分属。

（3）比较同属相近树种的共同点及区别，根据课堂所学知识，鉴定各树木标本。

（4）总结各树种的识别要点，填写表1-8。

表 1-8 裸子植物各树种形态特征

序号	树种＼特征	性状	树冠	树皮	枝条	叶形	叶序	球果	种子
1									
2									
3									
4									

作业

总结各树种的识别要点；编制部分树种分类检索表。

1.1.7 鉴定被子植物标本

目的要求

培养学生识别、鉴定树木标本的基本技能；通过实训巩固课堂理论知识；掌握各树种的形态描述及识别要点；通过对相近树种形态进行对比观察，掌握其区别特征。

材料与用具

被子植物各树种的蜡叶标本、新鲜标本。

内容与方法

（1）将要鉴定的树木标本放入标本盒，并编号。

（2）根据课堂所学科、属的形态特征，将标本分科、分属。

（3）比较同属相近树种的共同点及区别，根据课堂所学各树种的识别要点，鉴定各树木标本。

（4）总结各树种的识别要点，填写表 1-9。

表 1-9 被子植物各树种形态特征

序号	树种＼特征	性状	刺型	叶型	叶序	叶脉	叶缘	花性	花序	果实	观赏部位
1											
2											
3											
4											

作业

总结各树种的识别要点；编制部分树种分类检索表。

1.1.8 园林树木标本的采集、鉴定与蜡叶标本的制作

目的要求

巩固并运用园林树木知识,掌握树木分类、标本采集、制作的基本方法;学会使用植物分类的工具书,识别本地区主要园林树种 150~200 种(变种及变型)。

本实训以教学实习的方式进行,以 6~7 月为宜。

地点应选在具有不同生境,树木种类丰富,交通方便,离学校较近的树木标本园、森林公园、自然保护区等地。

材料与用具

教材、树木检索表、地方树木志或图谱、标本夹、标本纸、标本绳、修枝剪、高枝剪、放大镜、海拔仪、军用铁锹、采集袋、采集标签、笔、记录夹、记录表、采集筒、针、线、扁锥、胶水、鉴定卡片、号牌若干。

内容与方法

(1)将班级分成 6 个实习小组,每个小组以 6~8 人为宜,明确分工,发放实习用品,以小组为单位领取:标本夹(2 副,配好标本绳)、标本纸(若干)、修枝剪(4 把)、记录笔(1 支)、放大镜(1 个)、海拔仪(1 个)、记录夹(1 个)、记录纸(若干)、号牌(若干),每人自备教材、树木检索表。

(2)安排教学实习日程,明确实习目的,严格实习纪律,并集中介绍本地区地理、气候、土壤、植被概况及教材外有关科、属、种,推荐有关工具书和资料。

(3)现场采集、识别、编号、记录、压制标本。

(4)在室内整理、翻倒标本,并进行分类、鉴定、名录整理等工作。

(5)制作蜡叶标本,每组完成 100 个树种的蜡叶标本各 1~2 份。

(6)使用工具书,填写鉴定标签。

(7)在蜡叶标本的左上角贴上原始采集记录表,在右下角贴上鉴定标签。

作业

(1)以小组为单位,每组完成 100 个树种的蜡叶标本各 1~2 份。

(2)每名学生要编写实习报告,内容如下:

指导教师:

时间:

地点:

采集标本名录:

代表种的识别、生态环境、分布、园林用途。

收获和建议

【知识链接】

蜡叶标本的采集与制作

一、树木标本的重要作用

我国幅员辽阔，地跨寒温带、温带、亚热带及热带，地形复杂，有木本植物1万余种，组成了浩瀚的树木世界，也给人类带来了生命和繁荣。因此必须对它们进行科学的研究，以便合理地开发和利用。

研究树木，就要认识树木，必须了解树木形态特征、分类、分布、习性及用途。新鲜植物是最直观的教具，它可以使学生获得感性认识，从而有效地领会和掌握课堂教学内容，但由于时间、季节、地区等客观条件的限制，教师不可能在教学的当时得到合适的教学材料，这就需要教师根据教学要求，平时带领学生采集新鲜植物制成标本，供课堂教学和实验课使用。

树木标本就是将新鲜树木材料的一部分（包括根、茎、叶、花、果、种子等），用物理或化学的方法处理后，再保存起来的实物样品。

树木标本在教学过程中具有重要作用，它能帮助教师讲授教材中的重点和难点；可以帮助学生更好地理解、掌握课堂教学内容；同时通过到野外调查，采集标本，使学生看到繁花似锦的植物界，实地了解树木与人类的关系，不仅可以使学生学到科学知识，培养和激发热爱大自然、研究树木知识的兴趣，还可以受到生动的爱国主义教育。

标本还是树木工作者必不可少的研究材料，对于分类学尤为重要。如在野外采集标本时，发现不认识的种，就应制成标本，以供研究使用。1955年夏天，我国植物学家钟济新带领一支森林调查队到广西龙胜花坪林区考察，发现一株外形很似油松的植物，采集并制成标本，并将这批珍贵的标本寄给了植物分类学家陈焕镛和匡可任，鉴定结果极其令人兴奋，原来它就是科学家们认为早已在地球上绝迹、而仅在化石中残存的稀有植物——银杉，这一结果公布以后，立即轰动世界。可想而知，如果钟济新发现银杉以后，不制成标本供科学家研究，说不定银杉的发现还要晚很多年。

二、标本采集的工具

为了采集较完整的标本，必须具备一套采集工具，主要有修枝剪、高枝剪、军用铁锹、标本夹、标本绳、吸水纸、采集袋、采集筒、采集标签、采集记录表等。

采集标签，是用硬纸截成长方形的小纸片，大小为2cm×1cm。一端穿上小线绳，样式如下：

标本采集标签

采集号数_____	采集日期_____
科名_____	种名_____
采集地_____	
采集人_____	

采集记录表详细记标本采集地点、生态环境、株高、性状、形态、用途等情况，样式如下：

采集记录表

采集人_____	采集号_____	采集日期_____
采集份数_____	采集地点_____	

海拔_____　　　土壤_____
环境_____
性状_____
株高_____　　　胸径_____
形态：根_____
　　　茎(树皮)_____
　　　叶_____
　　　花_____
　　　果_____
用途_____
土名_____
科名_____　　　中名_____
拉丁学名_____
备注_____

(1) 采集号：采集时编写的号码必须和标本上的采集标签号一致，否则标本失去价值。在采集标本时号码不能重复，采集记录中的采集号与标签号要一一对应，在同一地点、同一时间采集的同一种植物编同一号，否则都应编不同号。

(2) 采集地点：记录该标本的详细采集地点。要记录市、区（县）、乡（镇）、村，或重要山川河流的名称。因为每一植物都有分布区，可以查阅相应地区的参考资料，以利鉴定学名，因此采集地非常重要，一定要认真填写。

(3) 生态环境：记录该种生长的环境条件，如平地、丘陵、路旁、灌丛、山坡、林下、山顶、山谷、阴生、阳生等。

(4) 株高、胸径：株高是植物的高度，胸径是离地面 1.3m 高处的直径。

(5) 性状：指乔木、小乔木、灌木、草本、藤本、寄生、腐生等。

(6) 形态：记录颜色、大小、气味、树皮剥落裂纹、形状等。

(7) 用途：记录该种是否可以用做观赏、用材、薪炭、食用、榨油、药用等。

三、标本采集

1. 被采集标本所具有的特征

(1) 所采集的标本应该具有完整性。

高等植物的根、茎、叶等营养器官是鉴定特征之一，但因生长环境不同而有所差异，而花、果具有较稳定的遗传性，最能反映树木的固有特性，是识别和鉴别植物的重要依据。因此采集标本时必须尽量采到根、茎、叶、花、果实俱全的标本。

在实际工作中，做到这一点是很难的，因为一般情况下花果是不能同时存在的，这是由物候期不同而造成的，除非特殊需要，一般不这样做。如果要做这种标本，必须分期采集，分期压制，最好装订在一起。

(2) 选择具有典型特征、生长健壮、姿态良好的植株或枝条作为标本。

在采集标本时这点尤为重要,如果采集的标本没有代表性,特征不典型,那么这份标本就会失去它的价值。如明开夜合萌生枝条的叶子很大,而且不典型,就不能采;小叶朴由于受虫害分泌物的刺激,枝条膨大,其叶有六种变型叶之多,因此采集时最好有花或果。

(3) 选择无病虫害的枝条作为标本。

由于病虫害,很可能会导致叶变形,造成特征不明显。此外,如果用有病虫害的枝条或叶压成标本,也会影响其美观,失去观赏价值。

2. 采集标本时应注意的几个问题

(1) 在采集标本时,所采集的一年生枝条要充分木质化,并且要带有一小段二年生枝条。一般情况下,没有充分木质化的枝条上的叶还没有发育完全,不可取。二年生枝条上的树皮颜色和皮孔形状、裂纹情况已基本稳定,因此必须带有二年生枝段。

(2) 采集带花的标本时尽可能选择刚开花或将开的花蕾,既能反映各部分的特征,花的各部分又不易脱落。

(3) 采集标本时应根据台纸的大小,选择大小适中的标本,不宜过大或过小,太大会显得臃肿,太小又会显得空旷无物,影响标本的美观。一般选台纸大小的3/5为宜。

(4) 采集标本时要注意各种树木的花果期,以便及时采到需要的标本。有的植物先花后叶,如榆、柳、紫荆等,要注意勤观察,以便及时采到花的标本,待长叶后再在原树上采集叶的标本,编不同的号。

(5) 对选择的标本要进行整形,目的使标本既美观,又能真实反映原来的形态。为了便于整形,在采集时就要注意观察树木的生长姿态、花果的着生位置等。

(6) 对于叶片极大的树种,不可能采集整片叶子。若是单叶可沿中脉的一边剪下,如蒲葵、槲树等;若是复叶可采集总轴一边的小叶。无论怎样采都必须留下叶片的顶端和基部,还可以去掉复叶中间部分,留下两头。但这些情况必须有记载说明,如核桃、楤木、楝树等。

四、标本的清理

标本采集后,在制作前还必须经过清理,除去枯枝烂叶、凋萎的花果,若叶子太密集,还应适当修剪,但要留下一点叶柄,以示叶片的着生情况。如果标本上有泥沙,还应进行冲洗,但不要损伤标本。冲洗后,要适当凉晒,将水分蒸发掉。标本清理完毕后,尽快进行压制,否则时间太久,有的标本的花、叶容易变形,影响效果。

五、标本的压制

压制标本就是将标本逐个地平铺在几层吸水纸上,上下再用标本夹压紧,使之尽快干燥、压平。压制方法是先在标本夹的一片夹板上放几层吸水纸,然后放上标本,再放几层纸,使标本与吸水纸相互间隔,最后再将另一片标本夹板压上,用绳子捆紧。标本夹的高度以可将标本捆紧又不倾倒为宜,一般30cm左右,每层所夹的纸一般为3~5张。薄而软的花、果可先用软的纸包好再夹,以免损伤。初压标本要尽量捆紧,以使标本压平,并与吸水纸接触紧密,容易干。3~4天后标本开始干燥并逐渐变脆,这时捆扎不可太紧,以免损伤标本。进行标本压制时要注意以下问题:

(1) 压制时应尽量使枝、叶、花、果平展,并且使部分叶背向上,以便观察叶背的特征。花的标本最好有一部分侧压,以展示花柄、花萼、花瓣等各部位的形状;还要解剖几朵花,依

次将雄蕊、雌蕊、花盘、胎座等各部位压在吸水纸内干燥,以便于观察该植物的特征。

（2）压制标本时对于叶比较大的标本比较好压,而很多情况叶都不容易展平。在压制时,应先将标本放在吸水纸上,再用一层吸水纸先盖住标本基部,一只手按住,另一只手展叶,依次从基部向顶端,吸水纸再慢慢压上,这样就会使叶子压得比较平,以后再换纸时,注意将没有展好的叶子展平。

（3）对于松、杉、柏等裸子植物,往往压制1～2个月以后,细胞仍没死亡,致使叶、花脱落。这些标本,就需要在开水里烫片刻杀死细胞后再压,效果会更好。

（4）标本放置要注意首尾相错,以保持整叠标本平衡,受力均匀,不致倾倒。有的标本的花、果较粗大,压制时常使纸凸起,叶因受不到压力而皱折,这种情况可用几张纸叠成纸垫,垫在凸起部分的四周,或将较大的果进行风干,如核桃、核桃楸、榛子、板栗等。

（5）注意经常换纸。换纸是否及时,是关系到标本质量的关键步骤。标本压好后,往往由于不注意换纸,致使标本发霉变黑,因此必须每天换纸。初压的标本水分多,通常每天要换2～3次,第三天后每天可换一次,以后可以几天换一次,直至干燥为止。遇上多雨天气,标本容易发霉,换纸更为重要。最初几次要注意整形,将皱折的叶、花摊开,展示出主要特征。换下的湿纸要及时晒干或烘干。用烘干的热纸换,效果较好。换纸时要轻拿轻放,先除去标本上的湿纸,换上几张干纸,然后一只手托住标本上面的干纸,另一只手托住标本下面的湿纸,迅速翻转,使干纸的一面翻到底下,湿纸翻到上面,再除去湿纸,换上干纸,这样可以减少标本移动,避免损伤。

植物标本由于质地不同,其干燥速度也不同,有的标本几天就干了,有的标本半个月、一个月才干。所以换纸时应随时将已干的标本取出,以减少工作量。有条件的可将不同质地的标本分开压,如杨、柳等速生树种含水量较高,压制时如不及时换纸,极易变色;而一些旱生树种,如榆、荆条等含水分少,压制时不仅易干,而且不易变色。如果将它们分别压制,会减少它们之间水分的传递,否则含水少的标本也会由于受含水多的影响而变色。

有些标本也宜重点压制,如接骨木等忍冬属树种,由于果实含水量大,很不易干,叶干了,而果实尚未干,又导致叶子受潮或脱落,因此对它们的果实要重点压制,多用干纸或单独压果实,等干后,制作标本时要制作在一起。

标本的干燥速度越快越不易变色,为了使标本快速干燥并保持原色,可以用熨斗熨干,或在45℃～60℃的恒温箱中烘干。

六、标本的装订

标本压制好以后,为了长期保存标本并使其不受损伤,同时也为了便于观察研究,就要进行装订。装订是将标本固定在一张白色的台纸上,装订标本也称上台纸。

台纸要求质地坚硬,用白版纸或道林纸较好。使用时需要裁成一定大小,一般30～42cm,要注意与使用的标本盒配套。

台纸也可用薄浆糊刷几层废纸,最上面裱上一层白纸压平,干后裁成规定尺寸。

标本装订一般分为三个步骤,即消毒、装订和贴记录标签。

（1）消毒。

标本压干后,常常有害虫或虫卵,必须经过化学药剂(目前一般用次氯酸钠溶液)消毒,杀死虫卵、真菌孢子等,以免标本蛀虫。将压干的标本放入浸渍片刻,即用竹夹钳出,放在吸水纸上夹入标本夹,使之干燥。还可用紫外光灯消毒,这种方法较好。

(2) 装订。

先将标本放在台纸上适当位置,一般直放或适当偏斜,留出台纸上的左上角或右下角,以便贴采集记录和标签。放置时要注意形态美观,又要尽可能反映植物的真实形态。如杨树的荑黄花序是下垂的,板栗的雄花序是直立的,这些都要尽可能地反映出来。位置确定好以后,还要适当剪去过于密集的叶、花和枝条等,然后进行装订。装订方法主要有两种:

① 间接粘贴法:在台纸上下面选好几个固定点,用扁形锥子紧贴枝条、叶柄、花序、叶片中脉两边扎数对纵缝,将纸条两端插入缝中,穿到台纸反面,将纸条收紧后,用胶水在台纸背面粘紧。容易脱落的叶、花等可用透明胶带固定。

② 针线固定法:用针线代替扁锥和纸条来固定标本。

(3) 贴标签。

标本装订后,在右下角贴上鉴定标签,在左上角贴上采集记录。鉴定标签所列内容如下:

```
        树木鉴定卡片
科名_____    采集号_____
学名_____
中文名_____
采集地_____
采集人_____  ____年____月____日
鉴定人_____  ____年____月____日
```

采集记录只需从采集记录表中对号入座,其内容已填好,贴上即可。在贴标签和采集记录时,标签只粘四个角,必要时可以更换,但采集记录必须粘死,不能更换。

七、标本的保存

制成的蜡叶标本必须妥善保存,否则易被虫蛀或发霉,造成不必要的损失。

将制成的蜡叶标本放入标本盒中,在标本盒一侧贴上口曲纸,注明科名、种名,把一个科的标本集中在一起放在标本架上或标本柜中。每个标本盒只能装一份标本。

在没有标本盒的情况下,标本保存更应小心,为防止标本之间的磨擦而损伤标本,最好用硬纸或牛皮纸隔开。为了防止因潮湿而损伤标本,最好用塑料薄膜封住。

1.2 园林花卉识别

1.2.1 常见花卉种子识别

目的要求

使学生熟悉50种花卉种子形态特征。

材料与用具

放大镜、解剖镜、直尺、铅笔、记录本、镊子、种子瓶、盛物盘、白纸板。

内容与方法

(1) 老师讲解50种园林花卉种子的形态特征及识别方法,指导学生实地观察种子及注意事项(大小、颜色、形状、附属物等)。

(2) 学生分组复习所识别的园林花卉种子,熟悉种子的形态特征。

作业

按表1-10记录识别的50种观赏植物种子,取20种观赏植物种子作实物考核。

表1-10　园林花卉种子记录表

编号	植物名称	识别要点			
		形状	颜色	大小	附属物

【知识链接】

一、种子的概念

种子是由胚珠发育而成的器官。被子植物的种子均被包在厚薄不一的果皮内。种子都有种皮和胚两个组成部分,或再含胚乳或外胚乳。胚是幼小植物体,一般由胚根、胚芽、胚轴、子叶4部分组成。种子萌发后形成种苗,种苗成长成为植株。有关种子的发育、成熟过程可参阅植物学、种子学等相关书籍。

在农业生产及传统习惯上,常把具有单粒种子而又不开裂的干果(如瘦果、颖果、小坚果、蒴果、坚果等)均称为种子。

二、花卉种实分类

花卉的种类及品种繁多,不仅其内部所含物质差异很大,其种(子)实(果实)的外部形态也是千变万化的。在生产实际中,通常有下述分类法:

1. 按粒径大小分类(以长轴为准)

大粒种实：粒径在 5.0mm 以上者,如牵牛、牡丹等。

中粒种实：粒径在 2.0~5.0mm 之间,如紫罗兰、矢车菊等。

小粒种实：粒径在 1.0~2.0mm 之间,如三色堇等。

微粒种实：粒径在 0.9mm 以下者,如四季秋海棠、金鱼草等。

2. 按种实形状分类

有球形(如紫茉莉)、卵形(如金鱼草)、椭圆形(如四季秋海棠)、肾形(如鸡冠花)以及线形、披针形、扁平状、舟形等。

3. 按色泽分类

以种实颜色及有没有光泽为分类依据。

4. 按种实有没有附属物及附属物的不同而分类

附属物有毛、翅、钩、刺等。通常与种实营养及萌发条件的关系不大,但有助于种实传递。

5. 按种皮厚度及坚韧度分类

种实表皮厚度常与萌发条件有关。为了促进种实的整齐和快速萌发,生产中可采用浸种、刻伤种皮等处理方法。

种实分类的目的在于正确无误地识别种实,以便正确实施播种繁殖和进行种实交换;正确地计算出千粒重及播种量;防止不同种类及品种种实的混杂,清除杂草种子及其他夹杂物,保证种苗培育工作顺利进行。

1.2.2 一年生园林花卉形态识别

目的要求

熟悉常用的园林花卉种类、习性及其观赏用途。

材料与用具

本地区园林、公共绿地、苗圃中常见的花卉及地被植物、卷尺、放大镜、记录本、铅笔。

内容与方法

(1) 老师对常见的一年生园林花卉种类、形态特征、生态习性及识别要点,指导学生进行实地观察(枝条、叶片、花果、刺等识别要点)。

(2) 学生分组复习所识别的一年生花卉,熟悉植物的形态特征。

作业

列表记录常见一年生花卉的识别要点,完成园林花卉调查表。

【知识链接】

一、园林花卉的观察方法与识别过程

对于园林花卉的观察,首先观察是草本还是木本,一年生还是多年生;根系是哪种类型(直根或须根);茎是直立、匍匐、缠绕还是攀援;叶是单叶还是复叶,是对生、互生还是轮生,叶片的形状、叶脉如何;花单生还是成花序,果实是何种类型等基本的整体特征。然后再对各个器官进行细致深入的观察和比较,结构复杂时需逐层解剖,并详细纪录。

对于一种陌生的园林花卉,在对其进行详细观察记录后,就可以借助于《植物检索表》、《植物图鉴》、《植物志》等工具书进行检索,判定该植物的门、纲、目、科、属、种。

二、本地区常见一年生园林花卉

1. 鸡冠花 *Celosia cristata* 苋科

别名:鸡冠。

一年生草本,株高30~60cm。全株光滑,茎少分枝,有棱或沟。单叶互生,卵形或线状披针形,全缘。穗状花序顶生或成鸡冠状,中、下部集成小花,花被膜质;上部花退化,密被羽状苞片;花有鲜红、紫红、白、橙、黄等色;花型也有众多类型。花期7~10月。

2. 飞燕草 *Consolida ajacis* 毛茛科

别名:萝卜花。

一年生直立草本,株高60~120cm。叶片三全裂,裂片各自3~4回细裂。总状花序顶生。花冠不整齐,有矩,淡紫色或蓝紫色。花期5~6月,蓇葖果被绒毛。

3. 凤仙花 *Impatiens balsamina* 凤仙花科

别名:指甲花、小桃红、急性子、透骨草。

一年生草本,株高50~70cm。茎直立,光滑,肥厚多汁、白绿色或带红褐色晕。单叶互生,披针形具锯齿,叶柄有腺点。花1~3朵腋生,或多朵集成总状花序。小花梗常下垂,花萼3枚,侧面2枚较小,后面1枚大,向外延伸成矩。花瓣5枚,又2对合生,故只成3片。单瓣或重瓣。花色丰富,白至深红,或稍有斑点。花期6~9月。

4. 矮牵牛 *Petunia hybrida* 茄科

别名:碧冬茄、杂种撞羽朝颜、灵芝牡丹。

一年生草本,株高30~50cm。茎斜生或匍匐,全株被腺毛,叶卵形互生。全缘,先端略尖,近无柄,上部叶近对生。花顶生或腋生,萼5裂,裂片披针形,花冠漏斗形,边缘皱纹状或有不规则锯齿,花有白、红、黄、深紫等,有时还具有斑纹。花期6~9月。

5. 半支莲 *Portulaca grandiflora* 马齿苋科

别名:太阳花、松叶牡丹、龙须牡丹、大花马齿苋。

一年生肉质草本,株高15~20cm。茎匍匐性或斜状,绿或浅棕红色。单叶互生或散生,圆柱形,叶腋簇生长毛。花单生或数朵簇生于枝端,基部具数枚轮生叶状苞片,花瓣5枚或多数倒卵形,萼片2枚。花色极为丰富,有黄、粉、红、橙、白等。花期5~9月。

6. 一串红 *Salvia splendens* 唇形科

别名:墙下红、西洋红、撒尔维亚、爆竹红。

多年生草本,作一年生栽培,株高30~70cm。茎直立,多分枝,茎基部多木质化,四棱,光滑。节处紫红色。叶对生,卵形,边缘有锯齿。总状花序顶生,花冠唇形,花冠筒伸出萼外,鲜红色。花期7~10月。

7. 万寿菊 *Tagetes erecta* 菊科

别名:臭芙蓉、蜂窝菊。

一年生草本,株高60~90cm。茎直立,粗壮,光滑多分枝,绿色或有棕褐色晕并具细棱线。单叶对生,羽状深裂,裂片披针形,先端细尖芒状,具明显之油腺点,有异味。头状花序顶生,具长柄。花有单瓣及重瓣,花色有深黄、橙黄及淡黄等色。花期6~10月。同属常见栽培的有孔雀草(*T. patula*)。

8. 百日草 *Zinnia elegans* 菊科

别名:百日菊、对叶梅、步步高。

一年生草本,株高50~90cm。茎直立,全株具粗毛。单叶对生,卵形至长椭圆形,全缘、无柄,基部微抱茎。头状花序单生茎顶,舌状花,有红、橙、白、黄等色,筒状花黄色。花期6~10月。

9. 茑萝 *Quamoclit pennata* 旋花科

别名:绕龙花、茑萝松、锦屏封。

一年生草本,茎柔弱缠绕,光滑无毛。单叶互生,羽状细裂,裂片条形,基部2裂片再次2裂,叶柄短,扁平状。聚伞花序腋生,有花数朵,萼片5枚,椭圆形,花冠深红色,高脚碟状,筒上部稍膨大。花期6~9月。

适宜布置花篱、花墙和小型棚架,也可盆栽,装饰室内或窗台。

10. 紫茉莉 *Mirabilis jalapa* 紫茉莉科

别名:夜繁花、胭脂花、夜饭花。

多年生草本,常作一年生栽培,株高50~80cm。茎直立,多分枝,节处膨大。单叶对生,三角状卵形,边缘微波状。花数朵集生枝端,萼片花瓣状,漏斗形,边缘有5波状浅裂,花有白、粉、紫红、黄等色。花期6~10月。

可散植或丛植于空隙地。矮生种可用于花坛或盆栽。

11. 贝壳花 *Molucella laevis* 唇形科

一年生草花,株高40~100cm。通常不分枝,叶对生,心脏状圆形,疏生钝齿。花白色,6朵轮生,花冠唇状,着生萼筒底部,具芳香。花期7~8月。

常用于切花和干花。

12. 福禄考 *Phlox drummondii* 花葱科

别名:草夹竹桃、洋梅花、桔梗石竹。

一年生草本,株高30~50cm。茎直立,多分枝,有腺毛。单叶互生,椭圆状披针形,全缘,先端尖;花数朵簇生于顶端,花冠萼筒较长,5裂,裂片窄,高脚碟状,花色甚多。花期4~9月。

花期长,是布置花坛、花境的良好材料,也可盆栽和作切花。

13. 翠菊 *Callistephus chinensis* 菊科

别名:蓝菊、江西腊、五月菊。

一年生草本,株高20~80cm。茎直立,上部多分枝,有白色糙毛。单叶互生,卵形、匙形或近圆形,上部叶渐小,有粗锯齿,两面被疏短硬毛,头状花序单生于茎顶,总苞半球形,边缘舌状花有白、蓝、紫、红、粉等各色;中央管状花,花两性。花期8~10月。

布置夏、秋季花坛和花境的好材料,也可作切花。

14. 银边翠 *Euphorbia marginata* 大戟科

别名:高山积雪、象牙白。

一年生草本,茎高60~80cm,直立,分枝多。茎内具乳汁,全株具柔毛。叶卵形、长卵形或椭圆状披针形,全缘,顶部叶轮生或对生,边缘呈白色或全叶白色;下部叶互生,绿色。花小,着生于上部分枝的叶脉处。花期7~8月。

植株顶叶呈银白色,与下部绿叶相映,尤如青山积雪,如与其他颜色的花卉配合布置,更能发挥其色彩之美。是良好的花坛背景材料,还可作插花配叶。

15. 千日红 *Gomphrena globosa* 苋科

别名:火球花、杨梅花、千年红。

一年生草本,株高20~40cm。茎直立,全株密被白色柔毛。单叶对生,有沟纹,椭圆形或倒卵形,全缘。头状花序球形或圆形,总苞2枚,叶状,每朵小花具2干膜质小苞片,有深红、紫红、淡红等色。花期6~9月。

夏、秋季花坛的主要材料,也可作切花用于花篮、花圈等。

16. 地肤 *Kochia scoparia* 藜科

别名:扫帚草,绿帚。

一年生直立性草本。高50~70cm,全株被短柔毛,多分枝,株形呈卵形至圆球形。叶线形,细密,草绿色,秋季变暗红色。花小,量稀疏,穗状花序。

宜用于坡地草坪式栽植,也可盆栽,布置厅堂会场。

17. 美女樱 *Verbena hybrida* 马鞭草科

别名:铺地锦、四季绣球、美人樱、铺地马鞭草。

多年生草本常作二年生栽培。茎直立,具四棱,枝多横展,匍匐状,全株被柔毛。叶对生,长椭圆形,先端钝圆,边缘有锯齿或近基部稍分裂。花顶生,呈伞房状;苞片近披针形,萼管状5短裂,花冠高脚碟状,裂片5,花色丰富。花期5~11月。

适作夏、秋花坛、花境材料,也可盆栽观赏。

1.2.3　二年生园林花卉形态识别

目的要求

熟悉常用的园林花卉种类、习性及其观赏用途。

材料与用具

本地区园林、公共绿地、苗圃中常见的花卉及地被植物、卷尺、放大镜、记录本、铅笔。

内容与方法

(1)老师对常见的二年生园林花卉种类、形态特征、生态习性及识别要点,指导学生进行实地观察(枝条、叶片、花果、刺等识别要点)。

(2)学生分组复习所识别的二年生花卉,熟悉植物的形态特征。

作业

列表记录常见二年生花卉的识别要点,完成园林花卉调查表。

【知识链接】

本地区常见二年生园林花卉。

1. 羽衣甘蓝 *Brassica oleracea* var. *acephala* 十字花科

别名：花菜、叶牡丹。

二年生草本，株高 30~40cm。叶矩圆状倒卵形，宽大平滑，被白霜，边缘有细波状折叠，叶柄粗而有翼，叶片层层重叠着生于短茎上。叶色丰富，心部叶色较深，有紫红、粉红、淡黄、蓝绿等色。花黄色。花期 4 月。

2. 蒲包花 *Calceolaria herbeohybrida* 玄参科

别名：荷包花。

二年生草本，株高 30~40cm。茎细有茸毛，单叶对生，呈卵形至长椭圆形，多皱褶，有茸毛，叶脉凹陷，叶色黄绿。顶端着生不规则的伞形花序。花具二唇瓣，上唇小而直立，下唇膨大如荷包，径达 3cm 左右，形成一种奇异的花朵，柱头在两唇瓣之间。花色有乳白、黄、红、紫等单色，也有白、黄等底色上具虎斑或条斑者。花期 3~5 月。

3. 金盏菊 *Calendula officinalis* 菊科

别名：长生菊。

二年生草本，株高 40~50cm。全株具毛。叶互生，长圆形至长圆状倒卵形，或长匙形，全缘或具不明显的锯齿，基部稍抱茎。头状花序顶生，花径 5~10cm，舌状花黄色。栽培品种有乳白、浅黄、橘红及橙色。花期 3~6 月。

4. 石竹 *Dianthus chinensis* 石竹科

别名：中国石竹、洛阳石竹。

多年生草本，作一、二年生栽培。茎簇生，直立或铺散。叶对生、条状或条状披针形，基部抱茎，节处膨大。花单生或数朵顶生，花瓣 5 枚，白色至粉红色或红色，而有紫心。花期 5~9 月。

5. 诸葛菜 *Orychophragmus violaceus* 十字花科

别名：二月兰、二月蓝、菜籽花。

二年生草本，茎直立，光滑，株高 30~50cm，具白色粉霜。基生叶近圆形，边缘有不整齐的粗锯齿，茎下部叶羽状分裂，顶生叶肾形或三角状卵形。总状花序顶生，深紫或浅紫色，花瓣呈倒卵形，成十字排列，具长爪。花期早春至 6 月。

6. 虞美人 *Papaver rhoeas* 罂粟科

别名：丽春花。

二年生草本，株高 50cm 左右。茎直立，茎叶均被毛，有乳汁，叶为羽状深裂。花单生茎顶，未开时花蕾下垂，开时直上，花瓣 4，也有重瓣类。花色有深红、淡红、紫等色，可为单色或复色。花期 4~6 月。

7. 三色堇 *Voila tricolor* 堇菜科

别名：蝴蝶花、鬼脸花、猫儿脸、人面花。

多年生草本，一般作二年生花卉栽培，株高 15~25cm。全株光滑无毛，茎多分枝且侧卧地面。基生叶呈心脏形，茎生叶较狭窄，叶缘具钝齿，托叶大而宿存。基部羽状深裂。花大，每枝 1~2 朵腋生，下垂，两性，两侧对称。通常每朵花有白、黄、紫三种颜色，也有呈单一色的。花期 3~5 月，有的地区花期 12 月至翌年 3 月。

8. 金鱼草 *Antirrhinum majus* 玄参科

别名：龙口花、龙头花、洋彩雀。

多年生草本作二年生栽培，株高30～90cm。叶呈披针形或长椭圆形，对生或上部互生。总状花序顶生，花冠筒状唇形。花上唇直立两裂，下唇开展三裂，色彩丰富，除蓝色外，各色均有。花期5～9月。

优良的春夏季花坛、花境材料，矮株型者可盆栽，高型者可作切花栽培。

9. 雏菊 *Bellis perennis* 菊科

别名：延命菊。

二年生草本，株高7～15cm。茎直立。叶匙形，基生。花梗自叶丛中抽出，顶生头状花序，舌状花一轮或多轮，呈红、粉或白色等，管状花黄色。花期3～5月。

是布置早春花坛的主要材料之一，也可盆栽。

10. 厚皮菜 *Beta vulgaris* var. *cicla* 藜科

别名：莙荙菜、红恭菜、红叶甜菜。

二年生草本，主根直生。叶丛生于根颈，长菱形，全缘、肥厚，有光泽，暗紫红色。花小，绿色。花期6～7月。

叶片整齐，红叶艳丽美观，初冬、早春露地观叶，常用于秋、冬季花坛或花境内与羽衣甘蓝配合使用，也可盆栽观赏。

11. 花菱草 *Eschscholtzia californica* 罂粟科

别名：人参花、金英花。

既可作春播，也可作秋播，常作二年生草花，全株光滑无毛，茎叶灰绿色，具白粉和汁液，多分枝，铺散状生长，叶多基生，数回羽状全裂，裂片线形。花单生枝顶，具长梗，花瓣4，交叉对生，狭扇形，有白、深红、鲜黄等色。花期4～7月，春播花期为10月。

可布置花坛，也可盆栽作切花。

12. 香雪球 *Lobularia maritime* 十字花科

别名：小白花。

植株矮小，多分枝而匍生。茎具疏毛，叶披针形或线形，全缘；总状花序，顶端花朵密集呈头状，花小，有白或淡紫色，有淡香。花期6～10月。

花开时银白色一片，宜作小面积的地被花卉或露地花坛、花境边缘布置，也可供盆栽或窗饰。

1.2.4 多年生园林花卉形态识别

目的要求

熟悉常用的园林花卉种类、习性及其观赏用途。

材料与用具

多年生花卉20种、卷尺、放大镜、记录本、铅笔。

内容与方法

（1）老师对常见的多年生园林花卉种类、形态特征、生态习性及识别要点,指导学生进行实地观察（枝条、叶片、花果、刺等识别要点）。

（2）学生分组复习所识别的观赏植物种球和植株,熟悉植物的形态特征。

作业

列表记录常见多年生花卉的识别要点,完成园林花卉调查表。

【知识链接】

本地区常见多年生宿根、球根园林花卉。

1. 蜀葵 *Althaea rosea* 锦葵科

别名：一丈红、熟季花、蜀季花、端午锦。

茎直立、高可达3m,全株被毛。叶大、互生,叶片粗糙而皱、圆心脏形,5～7浅裂。花大,单生叶脉或聚成顶生总状花序,花瓣5枚,边缘波状而皱或齿状浅裂;花色有红、紫、褐、粉、黄等,单瓣、半重瓣至重瓣。花期6～8月。

常用于建筑物前列植或丛植,做花境的背景效果也很好,也可用于篱边绿化及盆栽观赏。

2. 蜘蛛抱蛋 *Aspidistra elatior* 百合科

别名：一叶兰、箬叶。

根状茎粗壮横和生,叶单生,有长柄,坚硬,挺直,叶长椭圆状披针形或阔披针形,基部楔形,边缘波状,深绿色而有光泽。花葶自根茎抽出,紧附于地面。花被钟状,外面呈紫色,内面呈深紫色,花期春季。

叶片常绿光亮,质硬挺直又极耐阴湿,故最宜室内陈设观赏,是重要的观叶植物。温暖地区于庭院中散植也自然成趣,还是重要的插花配叶。

3. 吊兰 *Chlorophytum comosum* 百合科

别名：挂兰、折鹤兰、桂兰。

多年生草本,具短根状茎,须根白色,肥大肉质。叶基生、宽线形,长30cm左右,宽1～2cm,顶端尖,基部抱茎。叶绿色,另有园艺栽培品种银边吊兰和金心吊兰。叶腋间可抽生匍匐枝,发生气生根和新芽,并长出小苗,着地即活。花梗先端开花1～6朵,呈总状花序排列。花小,白色,花被2轮共6片。花期6～8月。常见栽培变种有：金心吊兰 var. *mediopictum*、银边吊兰 var. *variegatum*、金边吊兰 var. *marginatum*。

4. 大花君子兰 *Clivia miniata* 石蒜科

别名：剑叶石蒜、达木兰。

多年生草本,茎短缩,10cm左右。根肉质黄白色。叶着生于短缩茎上,带形,二列叠生,排列整齐,先端微尖或圆钝,全缘,平行脉,质厚而有光泽,其叶色浅绿或深绿,新叶略浅。叶长15～80cm,宽5～14cm。具扁平粗壮的总花梗,自叶丛中抽出,高30～40cm,花大呈漏斗状,花瓣6枚,橘红色,内带黄色,能常由5～40朵小花着生在一起形成伞形花序,小花有柄,柄长2～2.5cm。花期11月至翌年3月。

5. 仙客来　*Cyclamen persicum*　报春花科

别名：兔子花、一品冠、兔耳花、萝卜海棠。

多年生球根花卉。具扁圆形或球形球茎，一年生球茎淡暗红色，老球紫黑褐色，外被木栓质，在球茎底部生出许多纤细根。叶自茎顶生出，丛生状，有长柄，呈紫红色、心脏状卵圆形，稍锐尖，叶缘具牙状齿，叶片有明显的白色斑纹。花梗直立，花蕾下垂，花开时花瓣向上反卷而扭曲，深裂，裂片长为冠筒部的4～5倍，呈长椭圆形，恰似兔子耳朵而得名。花色丰富。花期12月至翌年4月。

6. 菊花　*Dendranthema morifolium*　菊科

别名：节华、寿客、鞠、更生、黄花、女华、帝女花。

多年生宿根草本，茎直立或半蔓性有棱，高30～80cm，最高可达150cm。单叶互生，有柄，叶片呈卵圆形，有浅裂或深裂，常形成2次裂，边缘有锯齿，先端尖，基部楔形。花为头状花序，着生于茎顶或叶腋。花色丰富，甚至在一个花序上有两种颜色。秋菊的自然花期为10～12月，盛花期在11月中下旬，一般花开至初霜以后，寒菊开花可延至春节。

7. 唐菖蒲　*Gladiolus hybrida*　鸢尾科

别名：菖兰、剑兰、扁竹莲、什样锦。

多年生草本，球茎扁圆形，外部有膜质或纤维质的褐色外皮，株高70～100cm。叶为剑形，7～8片嵌叠状排列。花茎高出叶上。蝎尾状聚伞花序，着生12～24朵花，开花时偏于一侧。花冠左右对称。花冠筒呈膨大的漏斗形，稍向上弯。花瓣呈波状或褶皱状，花有白、黄、红、紫等各色。花期6～9月。

8. 萱草　*Hemerocallis fulva*　百合科

别名：忘忧、忘郁、鹿葱、川草花、丹棘。

多年生草本，根茎短，有肉质的纤维根，株高80～100cm。基生叶狭长呈条带形，灰绿色、基部交互裹抱，两面无毛，主脉明显，叶背主脉隆起。花茎高于叶。花茎上部分枝呈圆锥花序，每个茎上着生6～10朵花，花为漏斗形，裂片6枚向外曲弯，鲜黄色或橙红色。花期6～7月。

9. 玉簪　*Hosta plantaginea*　百合科

别名：玉春棒、白鹤花。

多年生草本。基生叶呈丛状，具长柄，呈阔卵圆形，先端突尖，基部心脏形，边缘呈微波状，有明显的平行脉。花葶于夏、秋间从叶丛中抽出，长于叶，顶端常有叶状的苞片。花白色，芳香，花被基部联合成筒，上部呈喇叭状。花期7～8月。

10. 鸢尾　*Iris tectorum*　鸢尾科

别名：蓝蝴蝶、蝴蝶花、铁扁担。

多年生球根草本花卉。地下具根状茎，粗壮。叶剑形，基部重叠互抱成二列，长30～50cm，宽3～4cm，革质。花梗从叶丛中抽出，单一或二分枝，高与叶等长。每梗顶部着花1～4朵，花蓝紫色，外轮裂片倒卵形，外折，内有一行突起的白色须毛。内轮裂片较小，直立，花柱花瓣状，覆盖雄蕊。花期5月。

11. 百合　*Lilium brownii*　百合科

别名：中庭、强瞿、摩罗。

多年生球根类花卉,地下具鳞茎,茎高60~100cm。叶披针形或广披针形,互生或轮生,平行脉,无叶柄,叶腋内生有黑褐色的珠芽。花开于茎顶呈总状花序,多可达数十朵,花瓣6枚,呈漏斗形,或杯状,花瓣反卷或平展,花朵下垂或直立,花色为深浅不同的红、黄、白等色,或带有褐色斑点,雄蕊6枚,花药较大,几乎与花丝垂直,花丝较长。花期6~8月。

12. 石蒜 *Lycoris radiata* 石蒜科

别名:龙爪花、红花石蒜、平地一声雷、蟑螂花。

多年生草本,株高30cm左右。鳞茎球形,外被紫色薄膜,下端密生须根。叶基生,带形,质较厚,绿色有白粉,全缘,平生脉。伞状花序,有花4~9朵,花鲜红色,花被基部连合,上部6裂,裂片向后反卷,边缘皱缩,雄蕊长于花被,先端稍弯。花期7~9月。

13. 竹芋 *Maranta arundinacea* 竹芋科

别名:祈祷花、麦伦脱。

多年生直立草本,株高30~40cm。纺锤形根状茎,肉质白色。叶薄,卵状矩圆形,先端渐尖,基部浑圆。总状花序,顶生,花筒状白色。花期秋季。

14. 龟背竹 *Monstera deliciosa* 天南星科

别名:蓬莱蕉、电线兰。

多年生常绿藤本。茎上气生根,长而下垂。叶革质,互生,暗绿色或绿色,幼叶呈心脏形,无孔;老叶呈矩圆形,具不规则的羽状裂,叶脉间有穿孔,极像龟背。佛焰苞花序,淡黄色。花期6~7月。

15. 肾蕨 *Nephrolepis auriculata* 骨碎补科

别名:蜈蚣草,圆羊齿。

植株高30~80cm,根状茎短而直立,向上有簇生叶丛,向下有铁丝状匍匐枝,匍匐枝从叶柄基部下侧向四周横走,并生有许多须状小根和侧枝及圆形块茎,块茎能发育成新植株。叶片革质光亮,披针形,长30~70cm,宽3~5cm,一回羽状,羽片40~120对,以关节生于叶轴上,披针形,上侧有耳形突起,边缘浅钝齿,鲜绿色。

16. 红花酢浆草 *Oxalis rubra* 酢浆草科

多年生草本。地下部具鳞状根茎。叶基生,为3出复叶,叶柄长10~24cm,被毛。小叶呈阔倒卵形,长约3.5cm,先端凹缺,被毛,两面有棕红色瘤状小腺体。花葶自叶丛中抽出,顶生伞房花序,与叶等长或稍长,具5~10朵花。花淡紫红色,花萼5枚,花瓣5枚,花期10月初至翌年3月。其花、叶对光有敏感性,白天和晴天开放,晚上和阴天闭合。

17. 花毛茛 *Ranunculus asiaticus* 毛茛科

别名:芹菜花、波斯毛茛。

多年生草本,块根纺锤形,常数个聚生根颈部,株高20~40cm,有稀少分枝,具毛。基生叶阔卵形或椭圆形,或为三出,边缘有锯齿,具长柄,茎生叶羽状分裂,无柄。花单生枝顶或一至数朵生于长梗上。花期4~5月。

18. 虎尾兰 *Sansevieria trifasciata* 百合科

别名:虎耳兰。

多年生草本,地下部分具匍匐状根茎。叶自根部发出,簇生,肉质,挺直,扁平或基部具凹沟或呈圆筒状。两面具白色和深绿色相间的横带状斑纹。花葶高60~80cm,小花3~8

朵1束,1~3束簇生在花葶上,白色至淡绿色。

19. 绿萝 *Scindapsus aureus* 天南星科

别名:黄金葛。

多年生草本植物。绿叶革质有光泽,呈卵形或心形,直径小则2cm,大则60cm以上。绿色底上常有不规则或条状黄色斑纹,也有带乳白色斑纹的。其藤长可达几十米,为略带木质的附生藤本,叶柄根部多有气生根。可以附着他物攀援生长。肉质花序生于茎顶叶腋间。

20. 蟹爪兰 *Zygocactus truncates* 仙人掌科

别名:蟹爪莲、蟹爪。

多年生肉质植物,分枝多。边缘有齿,茎先端向四方下垂。每一茎节为倒卵形至长圆形,扁平而短小,绿色、光亮,先端截形,具粗齿,连续如蟹爪状。花着生于茎节先端。花被开张反卷,花丝及花柱均弯曲。花色紫红色、黄色,花期为11月至翌年3月。

1.2.5 木本盆栽花卉形态识别

目的要求

使学生熟悉常用的木本盆栽花卉种类、习性及其观赏用途。

材料与用具

盆花20种、卷尺、放大镜、记录本、铅笔

内容与方法

(1)老师对常见的木本盆栽花卉种类、形态特征、生态习性及识别要点,指导学生进行实地观察(枝条、叶片、花果、刺等识别要点)。

(2)学生分组复习所识别的花卉植物,掌握其形态特征。

作业

列表记录常见木本盆栽花卉的识别要点,完成园林花卉调查表。

【知识链接】

本地区常见的木本盆栽花卉种类。

1. 山茶 *Camellia japonica* 山茶科

别名:山茶花、茶花、曼陀罗树、川山茶、晚山茶、耐冬。

常绿灌木或小乔木。叶革质,互生,具短柄和细锯齿。花两性,具长短不一的花梗或无梗,单生或2~6朵簇生在枝顶或叶腋,萼5~10片,复瓦状叠合,大小不等,花瓣5~6片。花期10月中旬至翌年4月中旬,以3月份最多。

2. 苏铁 *Cycas revoluta* 苏铁科

别名:铁树、凤尾蕉。

常绿乔木,茎粗壮,圆柱形多不分枝,密被褐色毛,宿存鳞片状叶痕。叶大型,羽状复叶,簇生于茎顶,中心常有棕色绒毛状物,是未萌发之幼叶顶端。新叶出生时,小叶卷曲,上被棕色刚毛,成长后渐脱落。复叶长50~200cm,小叶线形,革质坚硬,先端锐尖,边缘反卷。叶表面浓绿色,叶基部两侧小叶逐渐短小,最后退化成刺。雌雄异株,花着生于顶端。雄花序呈圆柱状,长约30cm,黄色,有多数鳞片,鳞片下有无数药孢。雌花序呈扁圆莲花形,抱生,密被黄色绒毛,下部两侧着生3~5个裸露的卵形种子。种子微扁,成熟时朱红色。

3. 瑞香 *Daphne odora* 瑞香科

别名:睡香、风流树。

常绿灌木,高可达1.5~2m。叶互生,长椭圆形,长5~8cm,质厚,深绿色有光泽;花白色或稍有淡紫色,短总状花序如簇生状,萼筒花冠状,先端4裂,直径约1.5cm,有浓郁的香味。花期3~4月。

4. 八角金盘 *Eatsia japonica* 五加科

别名:八金盘、八手、手树。

常绿小乔木,但分枝力较弱。在根茎处能萌生根蘖,所以有时也长成灌木状,高2~5m。叶大型、革质,掌状5~9裂,裂至中部以下。裂片呈卵状椭圆形,具光泽,叶缘有齿牙,叶柄长20~32cm。圆锥状聚伞花序,顶生,花白色。浆果球形,熟时黑色。花期7~9月。

5. 橡皮树 *Ficus elastica* 桑科

别名:印度榕、印度胶树。

大乔木,全株光滑,有乳汁。叶互生,长圆形或椭圆形,革质全缘,具光泽,长10~30cm,托叶呈披针形,艳红色叶片展开后自行脱落。大株常具有气生根。花小,白色,密集成隐头状花序。

6. 阔叶十大功劳 *Mahonia bealei* 小檗科

别名:土黄柏。

直立丛生灌木,全体无毛。小叶9~15枚,卵形、卵状椭圆形,每边有2~5枚刺齿,厚革质,表面深绿色有光泽,背面黄绿色,边缘反卷,侧生小叶,基部歪斜。花黄色,有香气,花序6~9个。花期9月至翌年3月。

7. 南天竹 *Nandina domestica* 小檗科

别名:天竺。

常绿灌木,高达2m,分枝少。2~3回羽状复叶,长30~50cm,互生,具长柄,全缘。大型圆锥花序,顶生,花小白色,花期5~7月。红果累累如珊瑚成穗,令人喜爱,果熟期11月,翌年2月落果。

8. 石榴 *Punica granatum* 石榴科

别名:安石榴、若榴、丹若、金罂、涂林。

落叶灌木或小乔木,树冠整齐,小枝具4棱,呈刺状。叶呈倒卵形或椭圆形,长2~3cm,在长枝上对生,短枝上簇生。花开于小枝顶端,红色,具短柄。花期5~6月。

9. 火棘 *Pyracantha fortuneana* 蔷薇科

别名:火把果、救军粮。

常绿或半常绿灌木,枝密生,有刺。叶呈长椭圆形至倒披针形,先端钝,具刺尖,边缘具圆细锯齿,表面光滑无毛,亮鲜绿色。伞房花序,疏生,花白色。花期5~6月。

10. 杜鹃 *Rhododendron* spp 杜鹃花科

别名:映山红、山石榴、山鹃。

常绿或落叶灌木或小乔木。叶呈椭圆状卵形至披针形,单叶互生,两面皆有柔毛。花2~6朵簇生,花冠漏斗状,有时为筒状,径3.5~5cm,花色艳丽,有白、黄、红、深红、玫瑰红及复色等。花期4~6月。

11. 月季 *Rosa chinensis* 蔷薇科

别名:月月红、四季花、瘦客、胜春、长春花。

常绿或半常绿小灌木。茎直立或半蔓性,亦有呈攀援状的。小枝绿色,散生,有皮刺。小叶3~5枚,少有7枚,边缘有锐齿,托叶与叶柄合生。花为完全花,多顶生,单花或呈伞房花序,花色有白、黄、粉、红、橙等。花期5~11月。

12. 鹅掌柴 *Schefflera octophylla* 五加科

别名:鸭脚木。

常绿小乔木或灌木。分枝多,枝条紧密。掌状复叶,小叶5~8枚,叶片浓绿,有光泽。株形丰满、优美,适应能力强,是优良的室内盆栽观叶植物。盆栽时株高一般30~80cm,适于布置客厅、书房和卧室。

13. 黄蝉 *Allemanda neriifolia* 夹竹桃科

常绿灌木,枝具乳汁,叶轮生,长椭圆形,全缘。聚伞花序顶生,花冠橙黄色,漏斗状。花期5~8月。

花、叶均可观赏,适宜在园林中种植或盆栽,但植株有毒,需注意。

14. 虾衣花 *Callispidia guttata* 爵床科

别名:虾夷花、虾衣草、麒麟吐珠、狐尾木。

常绿小灌木,基部分枝,枝柔弱,节部膨大。叶对生,卵圆形或椭圆形,质软,全缘,叶柄细长。穗状花序生于枝顶,端部常侧垂,苞片棕红色,重叠着生,为主要观赏部位;花冠细长,超出苞片,白色,唇形,下唇瓣喉部有三条紫色斑点。四季开花性,以4~5月最盛。

花形奇特,常年开花,宜作窗台、案头的盆栽,也可布置会场、厅堂。在其原产地作为地被植物。

15. 贴梗海棠 *Chaenomeles spiciosa* 蔷薇科

别名:铁脚海棠、木瓜花。

枝直立,有刺。叶呈卵形或椭圆形,托叶大而明显。花为朱红色,先叶而开或与叶同放,花期2~4月。

贴梗海棠是重要的花灌木,适于庭院墙角、路边、池畔种植,也是盆栽或制作盆景的好材料。

16. 袖珍椰子 *Chamaedorea elegans* 棕榈科

茎干直立,不分枝,绿色,有环纹。羽状复叶,叶片由顶部生出,小叶20~40片,镰刀形。肉穗花序直立,花期3~4月。

耐阴性强,是良好的室内观叶植物,常盆栽观赏。

17. 散尾葵 *Chrysalidocarpus lutescens* 棕榈科

丛生常绿灌木或小乔木,在热带地区高可达3~8m。茎干光滑无尾刺。叶平滑细长,羽状小叶及叶柄稍弯曲,嫩绿色;细长的叶柄和茎干金黄色。基部分蘖较多,故呈丛生状生长在一起。因株型优美,较耐阴,是盆栽布置客厅、书房、大型商场等处的高档观叶花卉。

18. 变叶木 *Codiaeum variegatum* var. *pictum* 大戟科

别名：洒金榕。

常绿灌木，茎直立，枝有明显的大而平整的圆形叶痕。叶呈倒披针形、条状倒披针形或条形，全缘或分裂、扁平或波形至螺旋状，或中部变得极窄而将叶片分成上、下两部分。叶质厚，绿色杂以白色、黄色、红色斑纹。

叶形变化很大，颜色丰富艳丽，是极佳的观叶植物。北方盆栽，用于室内装饰；南方常用于园林中丛植或作绿篱。

19. 洋常春藤 *Hedera helix* 五加科

别名：长春藤。

多年生常绿藤本植物，茎长3~5m或更长，多分枝。幼嫩的枝条、叶柄和叶片上有星状毛，枝条上易生气生根。营养枝叶片3~5裂，生殖枝叶片菱形，全缘。园艺品种甚多，是著名的观叶藤本花卉。

20. 扶桑 *Hibiscus rosa-sinensis* 锦葵科

别名：佛槿、朱槿、赤槿、日及、大红花、花上花、朱槿牡丹。

灌木或小乔木。叶互生，呈广卵形或卵形，先端渐尖，不分裂，三主脉，叶缘呈不等的粗锯齿或有缺刻，基部全缘。叶表面深绿色有光泽，背面有少数散生毛。花单生于新梢叶腋间，花色有紫、红、白、黄等。

1.2.6 水生花卉形态识别

目的要求

使学生熟悉常用的水生园林花卉种类、习性及其观赏用途。

材料与用具

水生花卉15种、卷尺、放大镜、记录本、铅笔。

内容与方法

（1）老师对常见的水生园林花卉种类、形态特征、生态习性及识别要点，指导学生进行实地观察（枝条、叶片、花果、刺等识别要点）。

（2）学生分组复习所识别的水生花卉植物，掌握其形态特征。

作业

列表记录常见水生花卉的识别要点，完成园林花卉调查表。

【知识链接】

本地区常见水生园林花卉。

1. 凤眼莲 *Eichhornia crassipes* 雨久花科

别名：水葫芦、凤眼兰、革命花。

漂浮植物，须根发达，悬垂水中。茎极短缩，叶由此丛生而直伸，呈倒卵状圆形或卵圆形，全缘；绿色而有光泽，质厚。叶柄长，中下部膨胀呈葫芦状海绵质气囊，基具鞘状苞叶。

穗状花序着生端部,小花紫色,花被片6,上面1片较大,中央具深蓝色块斑,斑中具鲜黄色眼点,颇似孔雀羽毛。花期7~9月。

凤眼莲是美化环境、净化水源的好材料。花还可作切花使用。

2. 黄菖蒲 *Iris pseudacorus* 鸢尾科

根茎短肥,植株高大健壮。叶长剑形达60~100cm,中肋明显,并且具横向网脉。花茎与叶近等长。垂瓣上部长椭圆形,基部近等宽,具褐色斑纹或无;旗瓣淡黄色。花期5~6月。

旱地、湿地均生长良好,水边栽植生长尤好。

3. 千屈菜 *Lythrum salicaria* 千屈菜科

别名:水柳、水枝柳、水枝锦。

挺水植物,株高1m以上。地下根茎粗壮,木质化,地上茎直立,四棱形,多分枝具木质化基部。单叶对生或轮生,披针形,基部广心形,全缘。穗状花序顶生;小花密集,紫红色。花期7~9月。

株丛整齐清秀,花色淡雅,最宜水边丛植或水池栽植,也可用作花境背景材料或供盆栽水养观赏。

4. 荷花 *Nelumbo nucifera* 睡莲科

别名:莲花、芙蕖、芙蓉、水华、中国莲。

地下具根状茎,藕是地下茎的肥大部分。叶初出水时呈内卷状,开张后呈圆形盾状。荷叶颇大,叶面为黄绿或深绿色,被有蜡质白粉。花单生,两性,直径7~30cm,花瓣多数,清香扑鼻。有白、粉、淡黄、红、紫及复色等,每朵花上午开,下午闭。花期6~9月。

5. 睡莲 *Nymphaea tetragona* 睡莲科

别名:子午莲、水芹花。

多年生水生草本,地下部有根茎平生或直生。叶浮于水面,圆形或卵形,基部心脏形,有时呈盾形,叶全缘,叶背面常有红紫色。花大而美丽,径12~15cm,花瓣8~15枚,花色有红、白、黄、玫瑰红等。花期7~9月。

6. 花叶水葱 *Scirpus tabernaemontani* 莎草科

挺水植物,地下具粗壮而横走的根茎。地上茎直立,圆柱形,中空,粉绿色,茎面上有黄白斑点。叶褐色,鞘状,生于茎基部。聚伞花序顶生,小花淡黄褐色。花期6~8月。

常用于水面绿化或作岸边池旁点缀,也常作盆栽观赏。

7. 泽泻 *Alisma orientale* 泽泻科

挺水植物,地下具卵圆形的根茎。叶基生,长椭圆形至广卵形,端短尖,基部心脏形或近圆形,两面光滑,绿色,具长叶柄,下部呈鞘状。花茎直立,顶端着生轮生复总状花序。花期夏季。

宜作沼泽地、水沟及河边绿化材料,也可盆栽观赏。

8. 雨久花 *Monochoria korsakowii* 雨久花科

地下茎短且成匍匐状,地上茎直立。叶呈卵状心脏形,全缘,质较肥厚,深绿色而有光泽。基生叶具长柄,茎生叶渐短,基部扩大呈鞘状抱茎。花茎高于叶丛,端生圆锥花序,蓝紫色或稍带白色。花期7~9月。

宜盆栽观赏,也可作水面及岸旁绿化。

9. 萍蓬莲 *Nuphar pumilum* 睡莲科

别名:萍蓬草、黄金莲。

根茎肥大,呈块状,横卧泥中。浮水叶呈卵形至长圆形,先端圆钝,基部开裂,叶纸质或近革质,表面亮绿色,背面紫红色,密被柔毛;沉水叶薄膜质且无毛。叶柄长,上部三棱形,基部半圆形。花单生叶腋,伸出水面。花期 5~7 月。

可供水面绿化,也可盆栽。

10. 王莲 *Victoria amazornica* 睡莲科

别名:亚马孙王莲。

地下部分具短而直立根状茎,其下着生粗壮发达的根。幼叶向内卷曲呈锥状,成叶时变成圆形,直径可达 100~250cm。叶表面绿色,无刺,背面紫红色并具凸起的网状叶脉,叶肉在网眼中皱缩,脉上具坚硬长刺;叶缘直立高起,叶柄长,密被粗刺。花单生,大,伸出水面开放,初开为白色,后转为粉红色至深红色。花期夏、秋季。

叶奇花大,漂浮水面十分壮观,是南方美化水体的好材料。

11. 石菖蒲 *Acorus gramineus* 天南星科

别名:山菖蒲、药菖蒲。

常绿多年生草本,地下茎发达,横生于水中的泥土中。叶基生,呈剑状条形,无柄,全缘,先端尖,质韧,有光泽。花茎叶状,扁三棱形,肉穗花序,佛焰苞叶状侧生,花两性,黄绿色。花期 4~5 月。全株具香气。

喜阴湿,耐践踏,生于山涧潮湿岩石上,或山谷湿润土壤中,亦可盆栽。同属植物菖蒲 *A. calamus*,宜水养,作盆景观赏。

12. 金鱼藻 *Ceratophyllum demersum* 金鱼藻科

别名:松藻、松针草。

沉水植物,茎细长而平滑,具疏生短枝,叶 5~10 枚或更多而轮生,1~2 回叉状分枝,裂片线形,缘具刺状细齿。花小,单性,雌雄异株或同株,单生叶腋。花期 6~9 月。

可净化和美化水体,是观赏鱼类缸内装饰的常用水草。

13. 鸭舌草 *Monochoria vaginalis* 雨久花科

地下茎半匍匐状。叶丛生,呈心状阔卵形至卵状披针形,全缘,端短突尖,叶柄中下部扩大呈开裂鞘且中部常膨大,花葶由此伸出。花葶基部具鞘状佛焰苞,端部为小总状花序,花蓝色带红晕。花期 7~9 月。

可作水面及岸旁绿化,也常作盆栽观赏。

14. 慈菇 *Sagittaria sagittifolia* 泽泻科

地下具根茎,叶基生,出水叶戟形,端部箭头状,基部具二长裂片,全缘。沉水叶线状。花茎直立,单生或疏分枝,上部着生三出轮生状圆锥花序,白色。花期 7~9 月。

叶形奇特,宜作水面、岸边绿化材料,也作盆栽观赏。

15. 香蒲 *Typha angustata* 香蒲科

地下具粗壮匍匐的根茎,地上茎直立,细长圆柱形,不分枝。叶由茎基部抽出,二列状着生;长带形,基部鞘状抱茎。叶灰绿色,质稍厚而轻,截面呈新月形。花单性,同株,穗状花序呈蜡烛状,浅褐色。花期 5~7 月。

最宜水边栽植,也可盆栽,为常见的水生观叶植物。其花序经干制后为良好的切花材料。

 本章小结

识别是园林技术类专业最基础的实践技能,是学生进入专业领域的基本功,必须引导学生多识别植物,并掌握识别植物的方法。本章共分 6 个项目,包括种子识别、一年生花卉识别、二年生花卉识别、多年生花卉识别、水生花卉识别和木本植物识别。描述花卉种类共有 84 种,另可根据当地的情况酌情增加,目标为不少于 300 种。

 复习思考

列举当地树木、花卉种类 150 种,要求写出种名、科名、拉丁学名、主要用途。

第2章 园林植物栽培与养护实训（含植保）

本章导读

本章主要介绍园林植物（包括树木和花卉）的栽培与养护、园林苗木生产和出圃、草坪建植与养护、病虫害识别与诊断等方法和技术。

实训目标 熟悉园林树木栽培与养护、园林花卉生产与养护、园林苗木生产、草坪建植与养护的内容及园林植物病虫害及其防治；掌握园林树木物候观测方法、园林树木栽培与养护方法、园林花卉生产与养护方法、园林苗木生产方法、草坪建植与养护方法、园林植物病虫害诊断方法；能够以小组为单位对某小型绿地的园林植物进行栽培生产与养护管理实习。

2.1 园林树木栽培与养护实训

2.1.1 园林树木的物候观测

目的要求

物候观测是对树木的生长发育过程进行观察记载，从而了解本地区的树种与季节的关系和一年中树木展叶、开花、结果和落叶休眠等生长发育规律。

材料与用具

校园内树种4个（由学生自选）、记录夹、记录表。

内容与方法

（1）在校园内选择4个树种，其中，落叶乔木1种、花灌木1种、藤本1种、常绿乔木1种。

（2）观测并做好记录，填写物候观测记录表，如表2-1所示。

展叶期：从开始发芽、到叶完全展开分为展叶初期和展叶期。展叶初期指刚开始展叶；

展叶期指大多数叶已不再生长。

开花期：从开始开花到花开始凋谢，分为开花初期和盛花期。

果熟期：果实开始成熟的时间。

叶变色期：大部分树叶开始变色。

落叶期：大部分叶开始脱落。

表 2-1　物候观测记录表

树种名称＿＿＿＿＿＿＿＿＿＿＿＿＿＿＿＿＿＿＿＿＿＿＿＿＿＿＿＿＿＿＿＿＿＿

展叶初期＿＿＿＿＿＿＿＿＿＿＿＿＿＿＿＿　　展叶期＿＿＿＿＿＿＿＿＿＿＿＿＿＿

开花初期＿＿＿＿＿＿＿＿＿＿＿＿＿＿＿＿　　盛花期＿＿＿＿＿＿＿＿＿＿＿＿＿＿

果实成熟期＿＿＿＿＿＿＿＿＿＿＿＿＿＿＿＿＿＿＿＿＿＿＿＿＿＿＿＿＿＿＿＿＿

叶变色期＿＿＿＿＿＿＿＿＿＿＿＿＿＿＿＿＿＿＿＿＿＿＿＿＿＿＿＿＿＿＿＿＿＿

落叶期＿＿＿＿＿＿＿＿＿＿＿＿＿＿＿＿＿＿＿＿＿＿＿＿＿＿＿＿＿＿＿＿＿＿＿

生长环境条件：＿＿＿＿＿＿＿＿＿＿＿＿＿＿＿＿＿＿＿＿＿＿＿＿＿＿＿＿＿＿＿

＿＿＿＿＿＿＿＿＿＿＿＿＿＿＿＿＿＿＿＿＿＿＿＿＿＿＿＿＿＿＿＿＿＿＿＿＿＿＿

＿＿＿＿＿＿＿＿＿＿＿＿＿＿＿＿＿＿＿＿＿＿＿＿＿＿＿＿＿＿＿＿＿＿＿＿＿＿＿

该树种生长情况：＿＿＿＿＿＿＿＿＿＿＿＿＿＿＿＿＿＿＿＿＿＿＿＿＿＿＿＿＿＿

＿＿＿＿＿＿＿＿＿＿＿＿＿＿＿＿＿＿＿＿＿＿＿＿＿＿＿＿＿＿＿＿＿＿＿＿＿＿＿

＿＿＿＿＿＿＿＿＿＿＿＿＿＿＿＿＿＿＿＿＿＿＿＿＿＿＿＿＿＿＿＿＿＿＿＿＿＿＿

观测人：＿＿＿＿＿＿＿＿＿＿＿＿＿＿＿＿　　完成时间：＿＿＿＿＿＿＿＿＿＿＿

作业

写出物候观测报告：① 将调查树种按展叶期、开花期、果熟期、叶变色期、落叶期、休眠期六个时间段绘制物候图谱。② 对所调查树种进行分析，写出其生物学特性和所需要的环境条件。

【知识链接】

一、园林观测的意义

园林树木的物候观测，除具有生物气候学方面的一般意义外，主要还有以下的意义。首先可以为园林树木种植设计、选配树种形成四季景观提供依据；其次可以为观赏树木栽培提供生物学依据。如确定繁殖时期、栽植季节和树木周年养护管理。

二、物候观测的方法

1. 观测点的选定

（1）观测点需多年观测，不轻易移动。

（2）所选的观测点基本上具有代表性。

（3）观测点选定之后，务必对地点、名称、生态、环境、地形、位置、土壤、植被等情况做详细记载。

2. 观测目标的选定

（1）发育正常、开花结实 3 年以上者。

(2) 树冠、枝叶较匀称,体形中等。
(3) 同地、同种树有许多株时,宜选 3~5 株作为观测对象。
(4) 对雌雄异株的树木最好同时选有雌株和雄株。
(5) 观测植株选定后,应作好标记,并绘制平面位置图存档。

3. 观测时间

应常年进行,一般 3~5 天观测一次,但在开花、展叶期要每天观测,冬季深休眠期可停止观测。一天中最好在下午 2~3 点观测;也可随季节、观测对象的物候表现灵活掌握。

4. 观测部位

一般应选向阳面的枝条或上部枝条,树顶部不易看清,宜用望远镜或用高枝剪剪下小枝观察;无条件时可观察下部的外围枝。观测时应靠近植株观察各发育期,不可远站以粗略估计进行判断。

5. 观测记录和人员

物候观测应随看、随记,不应凭记忆事后补记;人员应固定,记录要认真,责任心要强。

三、物候观测的内容

1. 根系生长期

观测根系生长可利用根窖和根箱,一般情况下不进行观测。

2. 树液流动期

该时期以树木枝条伤口出现水滴状分泌物为准。

3. 萌芽期(树木由休眠转入生长的标志时期)

(1) 芽膨大(始)期。具鳞芽者,当芽鳞开始分离,侧面显露出浅色的线形或角形时为芽膨大始期。具裸芽者,不记录。

(2) 芽开放期或显蕾期。树木之鳞芽,为鳞片裂开,芽顶部出现新鲜颜色的幼叶或花蕾顶部时为芽开放期。不同树种的具体特征有所不同。

4. 展叶期

(1) 展叶开始期。小叶出现第一批 1~2 片平展叶;针叶树以幼叶从叶鞘中开始出现;具复叶的树木,以其中 1~2 片小叶平展时为准。

(2) 展叶盛期。阔叶树以其半数枝条上的小叶完全平展时为准;针叶树类以新针叶长度达老针叶长度 1/2 时为准。

(3) 春色叶呈现始期。以春季所展之新叶整体上开始呈现有一定观赏价值的特有色彩时为准。

(4) 春色叶变色期。以春叶物有色彩整体上消失时为准。

5. 开花期

(1) 开花始期。在选定观测的同种数株树上,见到一半以上植株,有 5% 的(只有 1 株亦按此标准)花瓣完全展开时;针叶树类和其他以风媒传粉为主的树木以轻摇树枝见散出花粉时为准。

(2) 开花盛期。在观测树上有一半以上的花蕾都展开花瓣或一半以上的葇荑花序松散下垂或散粉时为开花盛期,针叶树可不记开花盛期。

(3) 开花末期。在观测树上残留约 5% 的花时为开花末期;针叶树类和其他风媒树木以散粉终止时或葇荑花序脱落时为准。

(4) 多次开花期。有些一年一次于春季开花的树木,在某些年份于夏、秋间或初冬再度开花。应详记开花日期,分析原因。

6. 果实生长发育和落果期

(1) 幼果出现期。子房开始膨大,苹果以直径0.8cm为准。

(2) 果实生长周期。选定幼果,每周测量其纵、横径或体积,直到采收或成熟脱落时止。一般情况下不作果实测定。

(3) 生理落果期。座果后,树下出现一定数量脱落之幼果,有多次落果的,应分别记载落果次数、落果数量。

(4) 果实或种子成熟期。当观测树上有1/2的果实或种子变成为熟色时,为果实或种子成熟期。较细致的可再分为以下两期:

① 初熟期:当树上有少量果实或种子变为成熟色时为果实和种子初熟期。

② 全熟期:树上的果实或种子绝大部分变为成熟时的颜色并尚未脱落时,为果实或种子的全熟期,此期为树木的主要采种期。不同类别的果实或种子成熟时有不同的颜色,有些树木的果实或种子为跨年成熟的应记明。

(5) 脱落期。又可细分为两个时期:

① 开始脱落期:见成熟种子开始散布或连同果实脱落,如松属的种子散布,杨属、柳属飞絮等。

② 脱落末期:成熟种子或连同果实基本脱完,但有些树木的果实和种子在当年年终以前仍留树上不落,应在"果实脱落末期"栏中写"宿存",观果树木应加记可供观赏的开始日期和最佳观赏期。

7. 新梢生长周期

由叶芽萌动开始至枝条停止生长为止。新梢的生长分一次梢(春梢)、二次梢(夏梢或秋梢)、三次梢(秋梢)。

(1) 新梢开始生长期。选定的主枝一年生延长枝(或增加中、短枝)顶部营养芽(叶芽)开放为一次(春)梢开始生长期;一次梢顶部腋芽开放为二次梢开始生长期;以及三次以上的梢开始生长期,其余类推。

(2) 新梢停止生长期。以所观察的营养枝形成顶芽或梢端自枯不再生长为止。二次以上梢类推记录。

8. 花芽分化期

一般按树种的开花习性以主要花枝上花芽分化期为准,取芽3~5个。一般情况下不作观测。

9. 秋季叶变色期

这是指由于正常季节变化,树木出现变色叶,其颜色不再消失,并且新变色之叶在不断增多至全部变色的时期,不能与因夏季干旱或其他原因引起的叶变色混同。

(1) 秋叶开始变色期。当观测树木的全株叶片有5%开始呈现为秋色叶时,为开始变色期。

(2) 秋叶全部变色期。全株所有的叶片完全变色时,为秋叶全部变色期。

(3) 可供观赏秋色叶期。以部分(30%~50%)叶片呈现秋色叶观赏起止日期为准。

10. 落叶期

观测树木秋、冬开始落叶至树上叶子全部落尽时止(指树木秋冬的自然落叶)。

(1) 落叶始期。约有5%叶片脱落。

(2) 落叶盛期。全株有30%~50%的叶片脱落。

(3) 落叶末期。全株叶片脱落达90%~95%。

2.1.2 园林树木的树种调查

目的要求

了解当地园林树木的种类、生长习性、园林配置情况,巩固课堂所学的知识,掌握树种调查方法。

材料与用具

当地园林树木5种(自选)、记录夹、调查表、海拔仪、卷尺、放大镜、解剖针、解剖刀等。

内容与方法

(1) 形态观测记录。

性状:记录乔木、灌木、木质藤本,常绿还是落叶。

叶:叶形、正反面叶色、叶缘、叶脉、叶附属物(毛)。

枝:小枝颜色、有无长短枝。

皮孔:大小、形状、分布情况。

树皮:颜色、开裂方式、光滑度。

枝刺(皮刺、卷须、吸盘):着生位置、形状、大小、颜色。

芽:种类、颜色、形状。

花:花冠类型、花色、花序种类、花味等。

果实:种类、形状、颜色、大小。

(2) 立地条件调查记录。

土壤:种类、质地、颜色、pH等。

地形:种类、海拔、坡向、坡度、地下水位。

(3) 小结所调查树种的形态特征、生长地选择、园林用途、配置情况,并对其观赏价值作出评价。填写好记录表。

作业

对调查的5种树种进行分析,写出调查报告,如表2-2所示。

表2-2　园林树木观测记录表

树种名称_____　　　　性状_____

叶形_____单叶或复叶_____复叶种类_____

小叶数量_____叶色_____叶缘_____

叶的附属物(如毛)_____

叶脉数量_____叶脉形状_____

小枝颜色_____长短枝情况_____

皮孔：大小_____颜色_____

　　　形状_____分布_____

树皮：颜色_____开裂方式_____光滑度_____

枝刺(皮刺、卷须、吸盘)：着生位置_____形状_____

大小_____颜色_____分布情况_____

芽：种类(顶芽或侧芽)_____颜色_____形状_____

花：花冠_____花色_____

花瓣数量_____花序种类_____

果实：种类_____形状_____

　　　颜色_____大小_____

土壤：种类_____质地_____

　　　颜色_____pH_____

地形：种类_____海拔_____

　　　坡向_____坡度_____地下水位_____

土壤肥力评价_____

生长情况_____

形态特征_____

_____

适宜生长地_____

园林用途_____

_____

观赏价值_____

调查者_____记录者_____时间_____

【知识链接】

1. 树种规划调查的意义

树种规划调查是关系到该地区园林绿化成败的重要环节。因为当前城市园林绿化工作以树木为骨干材料，如不及早做出恰当选择和合理安排，等到10~20年后发现问题，就将造成追悔莫及的损失，因此，可以认为树种选择与规划是城市园林建设总体规划的一个重要组成部分，既要满足园林绿化的多种综合功能，又要适地适树，因地制宜，采取积极而又慎重的态度去努力做好。

2. 树种调查

通过具体的现状调查,对当地过去和现有树木的种类、生长状况、与生境的关系、绿化效果功能的表现等各方面作综合的考察,是今后规划能否做好的基础,所以一定要认真细致,以科学的精神、实事求是的态度来对待。

3. 树种规划

一个城市或地区的树种规划工作应当在树种调查的基础上进行,没有经过树种调查而作的树种规划往往是主观的,不符合实际的。但是一个好的树种规划,仅仅依据现有树种的调查仍是不够的,还必须充分考虑以下原则才能制订出比较完善的规划。此外,还应认识到树种规划本身也不是一成不变的,随着社会的发展、科学技术的进步以及人们对园林建设要求的提高,树种规划经过一定时期以后还应作适当的修正补充,以符合新的要求。

树种规划的原则如下:

(1) 树种规划要基本符合森林植被区自然规律。
(2) 以乡土树种为主,适当选用少量经过长期考验的外来树种。
(3) 符合城市的性质特征,科学确定基调树种和骨干树种。
(4) 以乔木为主。乔木、亚乔木、灌木、藤本及草坪、地被植物进行全面、合理安排。
(5) 选用长寿、珍贵的树种。
(6) 要切实重视"适地适树"的原则。
(7) 因地制宜地贯彻"园林结合生产"的原则。

2.1.3 园林树木的冬态识别

目的要求

通过对几种树种的冬态观察、鉴定,掌握树种冬态识别的方法。

材料与用具

当地落叶树木5种,这里我们选择银杏、毛白杨、白玉兰、蜡梅、柿树。另备记录夹、记录表、放大镜、枝剪、解剖针、解剖刀。

内容与方法

(1) 学会进行冬态观察。

从性状、树皮、枝条、叶痕、冬芽、附属物等方面进行观察。

性状:主要观察是乔木、灌木、还是木质藤本,树冠形状等。

树皮:外皮形状、质地、厚度和颜色;内皮颜色。

枝条:分枝方式、一年生和二年生枝条颜色、有无附属物(如毛、刺等)、枝条的形状、枝条髓心状态和有无长、短枝。

叶痕:在长枝上和短枝上叶痕与叶迹各是什么样,叶痕的形状。

冬芽:类型(顶芽、侧芽、鳞芽、裸芽、花芽、混合芽、叶芽等)、形状(圆形、圆锥形、纺锤形、披针形、椭圆形、倒卵形、卵形、圆筒形等)、颜色等。

附属物:有无枝刺、皮刺、托叶刺、毛、卷须、吸盘、气生根、木栓翅、残果、枯叶等,它们的颜色、形状、着生位置。

（2）对所选树种进行观察记载（以银杏为例观察结果）。

性状：落叶大乔木，树冠宽卵形。

树皮：灰褐色，长块状开裂或不规则纵裂。

枝条：一年生小枝淡褐黄色或带灰色，无毛；二年生小枝深灰色，枝皮不规则裂纹。有长、短枝之分，短枝矩形。

叶痕：在短枝上有密集叶痕，叶痕半圆形，棕色，叶痕在长枝上螺旋状互生，叶迹2个。

芽：顶芽发达，宽卵形，侧芽为近柄芽。

小结银杏冬态识别要点如下：

落叶乔木，树冠宽卵形，树皮纵裂。叶痕在长枝上互生，在短枝上密集着生，叶痕半圆形。顶芽发达，宽卵形，侧芽近无柄。

（3）以同样的方式对毛白杨、白玉兰、蜡梅、柿树进行观察，并填写记录表，如表2-3所示。

表2-3　树种冬态观察记录表

性状＿＿＿＿＿＿＿＿＿＿　树冠形状＿＿＿＿＿＿＿＿＿＿
树皮：皮孔形状＿＿＿＿＿　外皮质地＿＿＿＿＿　厚度＿＿＿　颜色＿＿＿　内皮颜色＿＿＿
枝条：分枝方式＿＿＿＿＿　一年生枝颜色＿＿＿＿＿　二年生枝条颜色＿＿＿＿＿　枝条的形状＿＿＿＿＿　枝条髓心状态＿＿＿＿＿　长短枝＿＿＿＿＿
叶痕：长枝上叶痕＿＿＿＿＿　短枝上叶痕＿＿＿＿＿
叶迹：长枝上叶迹＿＿＿＿＿　短枝上叶迹＿＿＿＿＿
冬芽：类型＿＿＿＿　形状＿＿＿＿　颜色＿＿＿＿　大小＿＿＿＿
附属物
冬态识别要点＿＿＿＿＿＿＿＿＿＿＿＿＿＿＿＿＿＿＿＿＿＿＿＿＿＿＿＿＿＿
＿＿＿＿＿＿＿＿＿＿＿＿＿＿＿＿＿＿＿＿＿＿＿＿＿＿＿＿＿＿＿＿＿＿
调查人＿＿＿＿＿＿＿＿　时间＿＿＿＿＿＿＿＿

作业

完成5种树的冬态观察记载，并进行归纳总结，说出怎样进行树种的冬态识别。

【知识链接】

树木的冬态是指树木入冬落叶后营养器官所保留可以反映和鉴定某种树种的形态特征。在树种的识别和鉴定中，叶、花和果实是重要的形态。但是在我国大部分地区许多树种到冬天均要落叶，树皮、叶痕、叶迹、冬芽等冬态特征成为主要的识别依据。树木的主要形态术语有以下几种。

1. 树冠

树冠是由树木的主干与分枝部分组成的。树冠的形状取决于树种的分枝方式。树冠的主要形状和树种实例如下：

尖塔形：落羽杉、水杉。

圆锥形：华北落叶松。
圆柱形：箭杆杨。
窄卵形：毛白杨。
卵　　形：白玉兰。
广卵形：槐树。
圆球形：白榆。
扁球形：杏。
杯　　形：悬铃木（人工修剪）。
伞　　形：龙爪槐。
平顶形：合欢。

2. 树皮

光滑：梧桐。
细纵裂：臭椿。
浅纵裂：麻栎。
深纵裂：刺槐、板栗。
条状浅裂：毛梾。
不规则纵裂：黄檗。
鳞片状剥裂：榔榆、青檀、白皮松。
鳞块状开裂：油松。
长条状剥裂：楸树、圆柏、侧柏。
纸状剥裂：白桦、红桦。
环状剥裂：山桃、樱桃。
小方块状开裂：柿树、君迁子。

3. 枝条及变态

树木的主轴为树干，树干分出主枝，主枝分出枝条，最后的一级为一年生小枝。

二年生以上的枝条称为小枝。木质化的一年生枝条为一年生枝。生长不到一年，未完全木质化的着叶枝条为新梢或称当年生小枝。根据小枝着生的位置可分为顶生枝条和侧生枝条。根据枝条节间的长短大小可分为长枝和短枝。长枝的节间长而明显，侧芽间距远，而短枝的节间缩短。

叶痕：叶片脱落后，叶柄在枝条上留下的痕迹。不同树种叶痕的大小和形状不同。根据叶痕的着生状况可判断叶子是互生、对生还是轮生。

维管束痕：又称叶迹，是叶柄中的维管束在叶脱落后留下的痕迹。不同树种维管束痕的组数及其排列方式是鉴定树种的重要依据之一。

4. 芽的类型及形态

芽是枝条和繁殖器官的原基，是茎、枝、叶和花的雏形。

（1）芽的类型按芽的性质分为：

叶芽：发芽后发育形成枝和叶，也称枝芽或营养芽。
花芽：发芽形成花序或花。

混合芽：发芽后同时形成枝叶和花（花序）。

（2）芽的类型按芽的位置分为：

顶芽：位于枝条顶端的芽。

侧芽：位于叶腋内的芽，又称腋芽。

隐芽：隐藏在枝条内不外露的芽。

假顶芽：顶芽退化，由离顶芽位置最近的侧芽代替，该芽称为假顶芽。

主芽和副芽：腋芽具有两枚以上时，最发达的芽称为主芽。位于主芽上部、下部或两侧的芽称为副芽。

叠生芽：主芽和副芽上下叠生，如皂角、紫穗槐。

并生芽：主副芽并列而生，如山桃。

不定芽：芽产生的位置不固定，不生于叶腋内。

（3）芽的类型按有无芽鳞分为：

鳞芽：具有芽鳞的芽。

裸芽：芽体裸露，无芽鳞包被。

花蕾：为裸露的越冬花芽，如核桃雄花序芽。

5．髓心

位于枝条的中心。髓心按质地分为：

实心髓：髓心充实。

分隔髓：髓有空室的片状横隔，如杜仲、枫杨。

空心髓：髓心部分为中空的髓腔，如毛泡桐。

髓心的颜色为白色、黄褐色等。

6．附属物

附属物包括：有无枝刺、皮刺、托叶刺、毛、卷须、吸盘、气生根、木栓翅、残果、枯叶等。它们的颜色、形状、着生位置。

2.1.4 园林树木的栽植

目的要求

使学生了解栽植在园林绿化中不可替代的作用。

材料与用具

栽植的树木与立柱工具。

内容与方法

绝大多数树木的移植，从掘苗、运输、定植至栽后管理这四大环节，都必须进行周密的保护和及时的处理，才能保持被移树木不致失水过多。

移栽的四个环节，应密切配合，尽量缩短时间，最好是随起、随运、随栽和及时管理形成流水作业。应按操作规程所规定的范围起苗，不使伤根太多；大根尽量减少劈裂，对已劈裂的，应进行适当的修剪补救。

栽植前应做好各种准备,如了解设计意图、现场踏勘与调查、编制施工方案、施工现场清理、选苗等。

栽植的程序包括放线定点、挖穴(刨坑)、起掘苗木、运苗与施工地假植、栽植修剪、种植、栽后管理等。

非适宜季节的移植技术,其技术可按有无预先计划分成两类:一是有预先移植计划的方法;二是临时特需的移植技术。

作业

写一份树木栽植的实习报告。

【知识链接】

(1) 栽植的概念。栽植是农林园艺栽种植株的一种作业,但一般仅狭义地理解为"种植"而已。实际上广义的栽植应包括"起苗"、"搬运"、"种植"三个基本环节的作业。"种植"是指将被移来的植株按要求栽种于新地的操作,在栽植的全过程中,仅是临时埋栽性质的种植称之为"假植",植株若在种植之后直至砍伐或死亡不再移动,则称之为"定植"。

(2) 栽植成活的原理。在未移之前,一株正常生长的树木在一定的环境条件下其地上部分与地下部分存在着一定比例的平衡关系,尤其是根系与土壤的密切配合,使树体的养分和水分代谢的平衡得以维持。植株一经挖起,大量的吸收根常因此而损失,并且(裸根苗)全部或(带土球苗)部分脱离了原有协调的土壤环境,易受风吹日晒和搬运损伤等影响;根系与地上部分以水分代谢为主的平衡关系,或多或少地遭到了破坏,因此,在栽植过程中,维持和恢复树体以水分代谢为主的平衡是栽植成活的关键。

栽植的季节应选择在适合根系再生和枝叶蒸腾量最小的时期。在四季分明的温带地区,一般以秋冬落叶后至春季萌芽前的休眠时期最为适宜。

(3) 栽植的程序与技术。树木的栽植程序大致包括放线、定点、挖穴、换土、挖(起)苗、包装、运苗与假植、修剪与栽植、栽后养护与现场清理等。

2.1.5 园林树木的养护

目的要求

使学生了解园林树木养护管理的方法和土、肥、水管理的技术。

材料与用具

肥料与施肥的工具。

内容与方法

树木栽植前的整地。整地,即土壤改良和土壤管理,是保证树木成活和健壮生长的有利措施。园林整地工作包括:适当的整理地形、翻地、去除杂物、碎土、耙平、填压土壤。其方法应根据不同情况进行。

整地季节对完成整地任务的好坏直接有关,在一般情况下,应提前整地,以便发挥蓄水保墒的作用,并可保证植树工作及时进行,这一点在干旱地区,其重要性尤为突出。一般整地应在植树前3个月以上的时期内(最好经过一个雨季)进行,如果现整现栽,效果将会大受影响。

施肥特点:园林树木是多年生植物并且种类繁多,施肥作用不一,因此,施肥的种类、用量和方法等多有差异。

注意事项:一是应掌握在不同物候期内树木需肥的特性;二是应掌握树木吸肥与外界环境的关系;三是应掌握肥料的性质。

树体的保护和修补包括树干伤口的治疗、补树洞、吊枝和顶枝、涂白等。

园林树木的病虫害防治详见本书"2.5 园林植物病虫害及其防治实训"。

2.1.6 古树名木的养护与复壮

目的要求

了解什么是古树名木,保护古树名木的意义,古树名木衰老的原因,古树名木管理与复壮措施。

材料与用具

记录本、调查工具。

内容与方法

古树名木养护与复壮包括三步:一是古树名木的调查、登记与存档;二是古树名木养护管理技术措施;三是古树名木复壮的技术措施。

(1) 保护古树名木的意义:一是古树名木是历史的见证;二是为文化艺术添彩;三是历代陵园、名胜古迹的佳景之一;四是研究古自然史的重要资料;五是对于研究树木生理具有特殊意义;六是对于树种规划有很大的参考价值。

(2) 古树名木衰老的原因:一是土壤密实度过高;二是树干周围铺装面过大;三是土壤理化性质恶化;四是根部的营养不良;五是人为的损害;六是人为的伤害等。

(3) 古树名木的养护措施包括支架支撑、堵树洞、设避雷针、防治病虫害、灌水、松土、除草、树体喷水等。

(4) 古树名木的复壮措施包括埋条法和地面铺梯形砖或草皮等。

作业

写一份实训报告。

2.2 园林花卉生产与养护实训

2.2.1 花卉扦插

目的要求

通过实习,使学生掌握选择母本、制备插穗、扦插及插后管理的技术。

材料与用具

扦插基质、插穗、枝剪、喷壶、利刃。

内容及方法

(1) 插条选择。
(2) 插穗的制备。
(3) 插床扦插。
(4) 插后管理。

作业

教师对学生扦插操作进行记录评分。

【知识链接】

一、扦插繁殖的基本原理

1. 插穗生根的原理

插穗能否成活,关键看插穗能否生根。插穗生根的部位,有以皮部生根为主和以愈合组织生根为主两大类型。但也有些树种的生根情况介于二者之间,则属于中间类型,如旱柳、蔷薇、月季等。

(1) 皮部生根原理。

植物在正常的情况下,枝条的形成层部位,能够形成许多特殊的薄壁细胞群,称为根原始体(根原基)。这些特殊的细胞群,就是产生大量不定根的物质基础。这些特殊的薄壁细胞群多位于最宽的髓射线和形成层的结合点上,其外端通向皮孔。很多树种在生长期的末期,即由次生分生组织形成了根原始体,并进行分化。将这种枝条采下进行扦插,在适宜的温度、湿度、通气等条件下,经过一定的时间即会从皮孔中长出不定根来。

(2) 愈伤组织生根原理。

植物局部受伤后,具有恢复生机、保护伤口、形成愈合组织的能力。插穗的下切口,因受愈伤激素的刺激,引起薄壁细胞的分裂,而形成一种半透明不规则的瘤状突起物——薄壁细胞群。这些薄壁细胞群,称为初生愈合组织,具有保护伤口免受外界不良环境影响,并吸收水分和养分的作用。初生愈合组织继续分生,进一步形成与插穗相应的形成层、木质部、韧皮部等组织。愈合组织及其附近的细胞,在生根过程中非常活跃,在适宜的水分和温度条件下,从生长点或形成层中分化产生出大量不定根,这就是愈合组织生根。愈伤激素因极性关系向插穗下部流动和积累,所以通常见到插穗下端形成大量的不定根。当愈合组织开始生根后,插穗即将营养物质集中用于不定根的形成和生长。

2. 扦插成活的条件

插穗能否生根成活,主要决定于插穗及其母本本身条件和外界环境条件是否适宜。

(1) 植物本身的条件。

① 植物的遗传性。扦插成活的难易程度与不同树种的遗传特性有关。有些树种扦插极易成活,有些则相当困难。有些适于枝插,有的适于根插。一般说来,灌木比乔木容易生根,某些阔叶树比针叶树容易生根,匍匐型枝比直立型枝容易生根。

② 母树及枝条的年龄。幼龄树新陈代谢旺盛,采用幼龄树的枝条作插穗,生根率及成活率均高。随着母树年龄的增加,新陈代谢能力减弱,插穗生根率明显降低。绝大多数树种都是一年生的枝条再生能力最强,二年生次之。仅有少数树种如杨、柳等,能用多年生枝条进行扦插繁殖。

③ 枝条着生的位置及生长发育情况。向阳面枝条生长健壮、组织充实,比背阳面枝条生根好。着生在主干上的枝条比侧枝上的生根好。从一年生实生苗上采集的插穗,比从扦插苗上采集的插穗成活率高。同一母树、同一枝龄的插穗,粗插穗因贮存营养物质多而比细插穗容易生根,而且生根快。

④ 插穗长度及留叶数。长插穗贮藏的营养多,有利于生根。但不宜过长,否则操作困难,插得太深反而不利于生根。软枝扦插带 1~3 片叶片,有助于进行光合作用,补充碳素营养,促进愈合生根。但插穗所带叶面积不宜过大,否则因叶面蒸腾耗水量大,易造成插穗体内水分失衡,不利于生根。

(2) 外界环境条件。

① 温度。不同树种插穗生根的最适温度不一样。多数树种插穗生根的适宜温度在 15℃~25℃ 范围内,但原产于热带地区的树种和常绿树,比原产于温暖带的树种要求的适温高。扦插繁殖时,若地温高于气温 3℃~5℃ 时,有利于插穗先生根后发芽,提高成活率。为了提高地温,创造适宜扦插生根温度,北方春季常用马粪或电热温床增加基质温度,促进生根。

② 湿度。水分是插穗能否生根的最重要环境因素之一。在插穗愈合生根期间,适宜的空气湿度和基质湿度至关重要。空气干燥,加速插穗水分蒸腾,不利成活。扦插苗床附近的小气候,应保持较高的空气湿度,尤其是软枝扦插时,空气相对湿度应保持在 80%~90%。扦插基质的湿度不宜过大,一般应保持在田间持水量的 60%~70% 为宜。基质湿度过高,透气性差,易使插穗腐烂,不利于生根。

③ 氧气。插穗形成愈伤组织和生根的过程是一个强烈呼吸的过程,需要足够的氧气。疏松、透气性好的基质对插穗生根具有促进作用,透气性差的黏重土壤或浇水过多,容易造成插穗窒息腐烂。理想的扦插基质既能经常保持湿润,又能通气良好。

④ 光照。光照能提高土壤温度和空气温度,促进插穗生根。光照又是带叶软枝扦插或常绿树扦插生根不可缺少的因素。光合作用所形成的营养物质和植物激素,对插穗生根具

有促进作用。但是光照强度应适宜,避免直射光过强而引起枝条干枯或灼伤。生产中常采用适度遮阴或全光照自控喷雾的办法,把温度、湿度及光照控制在最适于插穗生根的范围内。

3. 促进插穗生根的方法

(1) 机械处理。

木本植物在生长季节,将枝条刻伤、环状剥皮或绞缢,阻止枝条上部的营养物质向下运输,使它滞留在枝条中。从这种枝条上剪取的插穗,容易生根。有些生根困难的树种,可将插穗下端劈开,中间夹以石子等物,刺激插穗生根,称为割插。

(2) 物理处理。

① 温水浸泡法。用温水浸泡插条,可除去部分抑制生根的物质而促进生根。如用温水浸泡松类插穗,可除去部分松脂,促进生根,效果明显。

② 黄化处理。采用黑色塑料布或泥土封裹枝条,进行黑暗处理,待枝叶黄化后,剪下枝条扦插,有利生根。

(3) 化学处理。

植物生长调节剂能有效地促进插穗早生根和多生根。常用的植物生长调节剂有萘乙酸(NAA)、吲哚乙酸(IAA)、吲哚丁酸(IBA)、2,4-D 等。此外,还有专门的生根促进剂,如 ABT 生根粉等。

有些植物生长调节剂对插穗生根具有促进和抑制的双重作用,即浓度适宜时可起促进作用,超过一定浓度时则抑制其生根。因此,使用植物生长调节剂应慎重。对已经肯定的使用浓度要严格掌握,对不能肯定的使用浓度应坚持先试验再应用于生产。

还有一些化学药剂也具有促进插穗生根的作用,常用的有醋酸、高锰酸钾、蔗糖、硫酸镁、磷酸二氢钾等。如用 0.1% 的醋酸浸泡丁香,4%~5% 的蔗糖溶液浸泡雪松、龙柏的插穗都具有较好的促进效果。

二、采穗母本与插穗

1. 采穗母本

专门用于采取插穗的植株,称为采穗母本。对采穗母本的选择和培育,是扦插育苗的基础性工作,应予重视,尤其在专业化种苗生产企业中,更应引起足够的重视。采穗母本要求品质优良、性状稳定、生长健壮、无病虫害。木本植物的采穗母本年龄还要年轻。为了使插穗积累较多的营养,促进生根,应加强对采穗母本的肥水管理和病虫害防治。采穗前也可以对母本树进行绞缢、环剥、重剪等处理。冬季对母树进行重剪,使下部和基部发出萌条,用这种枝条扦插容易生根。

2. 插穗

根据扦插的类型和植物材料不同,插穗可以是软枝、硬枝、半硬枝、叶芽、叶片、根段等。

软枝扦插又称嫩枝扦插,多用于草本花卉和常绿木本花卉。插穗选取草本花卉当年生长发育充实的软枝或木本花卉的半木质化枝条,长 5~6cm,保留上端 2~3 片叶,将下部叶片从叶柄基部全部剪掉。如果上部保留叶片过大,可将每片叶剪去 1/2~1/3。

硬枝扦插又称老枝扦插,多用于落叶木本花卉。插穗选取 1~2 年生长充分的木质化枝条,长 10~15cm,带 3~4 个芽。上端切口离剪口芽芽尖 1~2mm,切口呈斜面。下端切口在近节处平剪。

半硬枝扦插又称半软材扦插，多用于常绿木本植物。插穗成熟度介于软枝与硬枝之间。取当年较成熟的枝梢（如果太嫩，可剪去顶端），插穗长 10cm 左右，保留上部 2~3 个叶片，其余叶片去除。

叶芽扦插多用于繁殖材料少或难以产生不定芽的园林植物，插穗只有一芽一叶，一般带长约 2cm 的枝条。如，山茶。

叶插多用于能从叶片上产生不定芽和不定根的园林植物，这类植物常具有肥厚叶肉及粗大叶脉，如秋海棠类、大岩桐、非洲紫罗兰等。插穗为全叶或叶的一部分，常将叶脉切断，以促进产生不定芽和不定根。

根插多用于易于从根部产生不定芽的园林植物，如泡桐、火炬树、宿根福禄考等。

软枝插条一般随采随插。落叶树枝条采集是在秋季落叶后至翌春发芽前进行，采后若不立即扦插，则需贮藏。插穗贮藏的具体方法参阅前述的种子室内堆藏和露天埋藏法，操作方法相似。

三、扦插基质

扦插最好使用本身不含或少含养分、透气、透水、保水、不含病虫害的基质。一般易生根和较易生根的树种进行大批量扦插繁殖时，多在大田土壤中直接进行扦插。一些生根难度较大或生根较慢的树种，需要特殊配制的基质才能满足要求。

1. 基质材料

扦插繁殖常用的基质材料有蛭石、珍珠岩、泥炭、河沙、炉渣等，这些材料都有各自的特性，可供扦插时选择使用。

蛭石。质地轻，孔隙度大，吸水量大，具有良好的保温、隔热、通气、保水、保肥的作用。

珍珠岩。质地轻，孔隙度大，具有良好的保温、隔热、通气、保水作用。

泥炭土。含有大量腐烂的植物体，呈酸性，质地轻松，有团粒结构，保水性强，但含水量太多。

河沙。本身无孔隙，不能释放养分，不保水、不保肥、不保温，密度也大。但堆积起来的沙，颗粒之间有较大的孔隙，透气性好。

炉渣。是经过高温燃烧后剩下的矿质固体。颗粒大小和形状不一，颗粒内具有很多微孔，颗粒间隙很大，具有良好的通透性，保水、保温、保肥效果好。来源广泛，价格低廉。

2. 基质配制

蛭石、珍珠岩、炉渣等颗粒基质材料，虽然可以单独用作扦插基质，但由于缺乏养分，常需加入营养液才能作扦插基质，或与具有营养成分的基质材料（黏土、腐殖质土、泥炭土）混合后作扦插基质。

四、扦插方法

1. 硬枝扦插

硬枝扦插是用完全木质化的枝条作插穗进行扦插。大部分园林植物都可以硬枝扦插，生产上应用广泛。

（1）扦插时期。

一般在树木秋季落叶后和春季发芽前的休眠期进行采条和扦插，以春季为主。春季扦插宜早,掌握在芽萌动前进行,北方地区可在土壤化冻后及时进行。秋季扦插在落叶后、土壤封冻前进行,扦插应深一些,并保持土壤湿润,较适合南方。生长期扦插一般在夏季第一期生长终了之后进行。冬季硬枝扦插需要在大棚或温室内进行,并注意提高和保持扦插基质的温度。

(2) 采插穗。

枝条采集后,通常剪取中段有饱满芽的部分作插穗。插穗长15~20cm,一般带2~3个芽。节间长的树种可适当加长。也有采用一芽一节扦插的。上剪口的位置在芽上方1cm左右,一般为斜面,向剪口芽的反方向倾斜。下剪口在基部芽下0.5~1cm处或靠近节间处。也有在剪截插穗时,在当年生枝条的基部,略带少许二年生枝条或一段二年生枝条,称为带踵插及带锤插,应用于桂花、木瓜、南天竹、松柏类及桃叶珊瑚等效果较好。

(3) 扦插。

按株行距,将插穗斜插或直插于基质中。一般株距为20~30cm,行距为30~60cm。短插条应直插,长枝条可斜插或直插,斜插倾斜角度不要超过60°。插条插入基质1/2~2/3,并使剪口芽的方向一致。为避免插穗基部皮层破损,可先用与插条粗细相仿的木棍打孔后再进行插入,然后压实,使土壤与接穗紧密结合。干旱地区扦插应适当深一些,插条上切口可与地面平齐。为了促进扦插成活,有些地方在扦插时,插条下切口用黄泥球紧紧包裹,再进行扦插。

2. 软枝扦插

软枝扦插是用正在生长的半木质化枝条或未木质化的枝条作插穗进行扦插。常用于常绿树、难生根树种、草本花卉和一些半常绿的木本花卉,一般随采、随剪、随插。

草本花卉的插穗应选枝梢部分,木质化程度适中,过于柔嫩易腐烂,过老则生根缓慢,如菊花、香石竹、一串红等。木本园林植物应选发育充实的半木质化枝条,如顶端过嫩扦插时不易成活,应截去不用,然后视其长短截成若干个插穗。软枝插穗一般保持3~4个芽,其长度决定于花木种类的节间长短,以8~12cm为宜。枝条上保留顶部2~3枚叶片。若叶面积较大者可剪去叶片的1/2~2/3。叶面积过大时,由于蒸腾量过大而使其凋萎,反不利于成活。枝条上端剪口在芽上1~1.5cm处(常绿针叶树软枝扦插,用顶梢插),下端剪口在芽下约0.5cm处,靠近节部。剪口要平滑。插穗剪成后应尽快进行扦插。插入深度为插穗的1/3~1/2。因枝条柔嫩,扦插基质需要疏松、精细整理,最好以蛭石、沙、珍珠岩等材料为主。为了防止软枝萎蔫,插后注意通风、遮阴、保持较高的空气湿度,以利生根。

仙人掌与多肉多浆植物,剪取后应放在通风处晾干数日后再扦插,否则易引起腐烂。

3. 叶插与叶芽插

(1) 叶插。

作为插穗的叶片,必须具有肥厚的叶肉或粗大的叶脉,并且发育充实。插叶发根部位有叶脉、叶缘及叶柄之别,扦插时需将发根部位插入基质中或贴近基质。

① 叶片扦插。叶脉发达、切伤后易生根的种类,常作全叶插或片叶插。蟆叶秋海棠扦插时,先剪除叶柄,叶片边缘过薄处亦可适当剪去一部分,以减少水分蒸腾。在叶片支脉近主脉处切断数处,将叶片平铺在插床面上,使叶片与基质密切接触并用竹枝等固定,便能在支脉切伤处生根。落地生根可由叶缘处生根发芽,扦插时将叶缘与基质紧密接合。也可将

一个叶片切成数块(每块上应具有一段主脉和侧脉)分别进行扦插,使每块叶片上形成一个新植株,如虎尾兰、豆瓣绿、秋海棠等均可用此法。

② 叶柄扦插。叶柄发达、易发根的种类,可将带叶片的叶柄插入基质中,也可将半张叶片剪除,将叶柄斜插入基质中,由叶柄基部生根发芽。大岩桐叶扦插时,叶柄基部先发生小球茎,然后生根发芽,形成新的个体。豆瓣绿、非洲紫罗兰、菊花等均可采用此法。

此外,百合可剥取肉质鳞叶(鳞片)插入湿沙中,在鳞叶基部可发生小鳞茎。

(2) 叶芽插。

用叶芽或着生叶芽的一小段枝条作插穗扦插,插穗上仅具一芽一叶。扦插时,芽的对面略削去皮层,将插穗的枝条插入土中,芽梢隐没于基质中,以免阳光直射,叶露出基质。可在茎部表皮破损处愈合生根,腋芽萌发成为新植株。此法也用于叶插不易产生不定芽的种类,如橡皮树、柠檬、山茶、桂花、天竺葵等。

叶插、叶芽插多在温室内进行,需要精细管理,注意遮阴,防止失水。

五、扦插苗的管理

1. 湿度

水分是插穗生根的重要条件之一。通过遮阴、喷雾、覆土等措施,可减少插穗水分蒸腾;通过灌水、地膜覆盖等措施保持基质湿润,以促进插穗生根。软枝扦插最好采取喷雾装置,保持叶片水分处于饱和状态,使插穗处在最适合的水分条件下。

2. 温度

园林植物的最适生根温度一般为15℃~25℃,而且要求地温比气温高3℃~5℃。早春地温较低,一般达不到温度要求,需要覆盖薄膜或铺设地热线等措施增温催根。夏、秋季地温高,气温更高,需要通过喷水、遮阴等措施进行降温。在大棚内喷雾可降温5℃~7℃,在露天扦插床喷雾可降温8℃~10℃。采用遮阴降温时,一般要求透光率在50%~60%。

3. 施肥

插穗生根前一般不需要施肥。当插穗生根抽梢后,插穗内的养分已基本消耗尽,则需要进行施肥。绿枝扦插可采取叶面喷肥的办法,插后每隔1~2周喷洒0.1%~0.3%的氮、磷、钾复合肥。硬枝扦插可将速效肥稀释后随浇水施入扦插床。

4. 苗木保护

扦插之后应随时进行除草、防病、除虫等工作。冬季寒冷地区还要采取越冬防寒措施。

2.2.2　水仙雕刻

目的要求

通过实验初步掌握水仙雕刻的原理及基本造型技术,了解水养的基本方法。

材料与用具

30桩水仙球、雕刻刀、镊子。

内容与方法

(1) 选球。

(2) 净化。
(3) 开盖、疏隙。
(4) 剥苞、削叶、刮梗。
(5) 雕子球、修整。

作业

学生动手操作，教师适当指导，每人雕刻一个水仙球，进行记录评分。最后由学生将自己的作品带回水养，在课程结束时进行水养评分。

【知识链接】

一、水仙雕刻原理

水仙花的雕刻造型是通过刀刻或其他手段使水仙的叶和花矮化、弯曲、定向、成型，根部垂直或水平生长，球茎或侧球茎按造型要求养护、固定。水仙雕刻造型主要是对花、叶的雕刻，使花、叶达到艺术造型的目的。主要是通过雕刻的机械损伤、阳光和水分控制等办法实现。雕刻时，使器官的一侧或一面受损伤，在愈合过程中，受伤的一侧或一面生长速度减缓，未受伤的一侧正常生长，即生长速度较快。这样，叶片或花梗就发生偏向生长，即向受伤的一侧或一面弯曲。利用植物的趋光性控制水仙生长是造型的另一手段。向光面细胞的生长速度较背光面细胞的生长速度慢，所以就形成了地上部器官弯向阳光的结果。

二、工具

水仙的雕刻，工具非常重要，所谓"工欲善其事，必先利其器"。各地雕刻用的工具不同，但是大同小异，福建漳州的传统雕刻工具有：

(1) 主刀：刀长 18cm，其中刀柄 10cm，刀口 8cm，呈三角形，最宽 1.5cm，刀刃平直，刀背厚 3mm。

(2) 小剪刀：最理想是医用的不锈钢小剪刀。刀口瘦长，尖形和弯形小剪刀各一把。用于修整叶片、鳞片，配合雕刻时应用。水养过程中剪除霉烂的鳞片、叶片、根和花蕊等。

(3) 斜刻刀：是配合传统雕花刀进行精雕细刻的主要工具。用于剥、削、刮、铲和整型等工序。

(4) 镊子：尖头和弯头各一支，医用的不锈钢小镊子最理想。用于清理雕刻的碎片，整理叶片、花梗、花蕊，配合深层雕刻和盖棉、清污之用。

三、水仙花的雕刻步骤及方法

按各类的造型要求选择相应的花头进行雕刻。水仙花的雕刻步骤如下：剥除鳞茎皮膜，去净朽根和泥；将花叶苞的前、左、右侧的鳞片剔除；删削花叶苞的叶片边缘；雕刻花葶梗；戳刺花葶基等五道工序。雕刻"蟹爪水仙"的基本工序如下：

1. 剥除鳞茎皮膜、弃根泥

先将水仙鳞茎的干鳞皮膜、包泥（鳞茎盘下的泥块、枯根）以及主芽端顶的干鳞片剥离干净，以去掉污垢，便于迅速长根，避免腐烂。

2. 雕刻花苞

初学雕刻者，可在水仙头芽朝前弯的一面（正面），于鳞茎盘上 1.0~1.5cm 处横切一圈，进刀深度要浅于鳞茎的半径，原则是不把内芽切伤，此称为"开盖"，把靠外层的大片鳞茎切掉。雕刻花苞时,左手持水仙花头,(芽在上根在下),右手食指贴在刀面,在正面鳞茎盘上1.0cm处(即横切线处)向上切入,削去鳞片,直至全部露出花苞外的叶片苞芽为止。雕刻时千万不要伤及花苞、花梗和花葶基。如果是两枝花以上的,就要挖去和修平花箭之间的鳞片,使花叶苞完全裸露。

3. 删削叶片

雕刻花苞使各花叶苞完全裸露,前面及左、右的鳞片全部剔除,每个花叶苞两侧则由叶芽包住。为了使水仙花的叶片在生长时呈卷曲状和便于雕刻花葶梗及花葶基,需要修削花苞两侧的叶芽片。删削叶片时应从叶片的下部内侧往上修削,或从上向下轻削,用刀刃轻轻地削去叶片的 $\frac{1}{5} \sim \frac{2}{5}$。为便于删削两边叶片,现出完整的花箭,可用左手拇指从花苞后上方的鳞茎顶端处向前弹压,使两边叶片松开,叶与花苞即分开,用刀尖轻轻往上削。这样,既便于削叶又不致伤及花芽。自下而上地删削叶片时,可下小上大,即上部的叶片多削掉些,不会影响花的雕刻。经删削的叶片卷曲生长,如同"蟹爪",称之为"蟹爪水仙"。至于叶片需要卷曲至何等程度,叶片删削时该删削多少,应视雕刻的目的而定,没有固定的标准。

4. 雕刻花葶梗

雕刻花葶梗是水仙花雕刻造型的关键。雕刻花葶梗的作用与删削叶芽片的目的相同。花葶梗部刀刻受伤后,不能正常生长和伸长,整个花枝卷曲、扭弯、矮化、但花正常开放,形成景观。削伤花葶梗的部位高低,削伤的轻重应依造型目的施艺。如不造型,只是按"蟹爪水仙"的手法而言,削伤花葶梗的部位,左边的花葶梗应伤其右侧,右边的花葶梗伤其左侧,中央的花葶梗削伤正面,不同的花葶削伤的部位略有高低,削伤的大小稍有差异,这样,水仙开花时,花枝错落有致,层次分明。削伤花葶梗方法是在花葶梗上削伤长度$0.5 \sim 1.0$cm,深度为0.1cm左右。切下的部分形如薄盾片即可。初学者可以采用刮梗法,即用刀刃刨刮花葶梗需削伤的部位,深浅、长度与削伤的要求同上,作用也相同。

5. 戳刺花心

这是"蟹爪水仙"雕刻的最后一道工序,俗称为"阉花",也称为"纵刺"。即在花葶基(花心)的部位正中,用刀尖自上而下点刺,深度约0.5cm。由于一般雕刻的水仙花头花葶基未裸露,尤其是初学者,雕刻时在花头基部横切,留下鳞片较厚,所以戳刺时,只能掌握大约在花葶基的部位下刀。也可采用针点刺,同样可以达到此目的。戳刺花葶基,主要是把花葶基部刺伤,抑制花葶向上生长,矮化花葶,调整花株高度。

四、水仙球的水养方法

(1)浸洗鳞茎和护理。将雕刻的水仙鳞茎倒置在水中浸没两天,洗净切口流出的粘液,然后用脱脂棉花盖住切口直至根部并垂入水中,以便吸收水分。

(2)养护管理。将鳞茎雕刻面朝天放入水养的水仙盆中,加水至切口以下,然后放在阴凉处$3 \sim 4$天,待根长出后移至室外水养。水养初期要求每天换水一次,以保持水质清洁。要经常向叶面喷水以保持湿度。水养温度一定要控制在20℃以下,以10℃~15℃度为好。每天保持光照4h以上。

2.2.3 园林花卉盆栽技术

目的要求

熟练掌握上盆、换盆、翻盆的技术。

材料与用具

花盆、需盆栽的花木、碎瓦片、配制好的营养土、花铲、竹扦、浇水壶等。

内容与方法

(1) 上盆。① 垫瓦片,② 栽植,③ 浇水。
(2) 换盆。① 选盆,② 垫瓦片,③ 脱盆,④ 整理,⑤ 栽植、浇水。
(3) 翻盆。

作业

教师对学生操作情况进行评分。

【知识链接】

园林植物苗床育苗后移栽入容器中栽培,或园林植物在容器中生长一段时间后,由于植物本身的不断增长,根系不断增多,原来花盆大小不适应花苗的生长,或原盆土营养缺乏,土质变劣或根部患病等,或盆栽植物在室内摆放时间过长,植株因趋光性而树冠生长偏移,都需要采取移植、换盆、转盆等栽培措施。这些栽培措施与地栽措施明显不同。

一、上盆

在苗圃或苗床中培育的种苗,栽植到盆钵中继续栽培,称为上盆。

1. 选盆

盆的大小与花苗要相称。上盆时既要避免大盆装小苗,又要避免小盆装大苗。

2. 装盆

先用一至数片碎盆片(浅盆可用窗纱等)将盆底的泄水孔盖上,然后装入一层较粗的基质,再装入一层普通基质。将花苗放在盆中央,四周加土并用手自盆边向中心压实。不宜栽得过深,盆土也不宜装得太满,一般盆面离盆口 1.5cm 左右(俗称留沿口),以利浇水、施肥。

3. 浇水

上盆后立即浇水,水要浇足,一般连续浇 2 次,见到水从泄水孔中流出即可。

二、换盆

把盆栽的植物换到另一盆中去的操作,称为换盆。栽培中有两种情况需要换盆:一是随着幼苗的生长,根群在盆内生长受到限制,一部分根系自盆孔穿出,或露出土面,此时应及时由小盆换到大盆中,扩大根群的营养面积,利于植株继续健壮生长;二是由于多年生长,盆中基质的物理性质变劣,养分贫乏,或基质被老根充满,植株的吸收能力下降,此时换盆仅是为了修整根系和更换新的基质。

由小盆换大盆时,应按植株的当时体量和生长速度,逐渐换到较大的盆中,而不宜一次换入过大的盆钵。盆大苗小,水分不易控制,容易导致通气不良,影响生长。一年生与二年生花卉在温室中生长迅速,一般到开花前要换盆2~4次。宿根花卉多为一年换盆1次,木本花卉多二年或三年换盆1次,依种类而定。

宿根花卉和木本花卉多在秋季生长将停止时换盆,或在春季生长开始前换盆。常绿种类也可在雨季进行。如温室条件适合,管理周到,可随时换盆。但在花芽形成及花朵盛开的时候不宜换盆。

将植株从原来的盆钵中取出,称为脱盆。脱盆时,一只手按住植株的基部,将盆提起倒置,另一只手轻扣盆边,取出土球。一些较大的花木可将盆侧放,双手轻拢植株基部,用脚轻踹盆边,则可将土球取出。然后根据植物种类和栽培年限,对土球进行处理。一、二年生花卉换盆时,土球一般不作处理。如为宿根花卉,应将原土球肩部及四周外部旧土剔去一部分,并将土球外围的老根、枯根、卷曲根全部剪除。宿根花卉结合换盆可进行分株,也可以结合分株繁殖进行换盆。木本花卉换盆时,也需要剔除土球外围的基质,一般剔除部分不超过土球的1/3,并将裸露的老根、病残根剪除。盆栽植物不宜换盆时,可将盆面及肩部旧土铲去再更换新土,也有换盆效果。

换盆后,要保持土壤湿润,并置庇荫处养护。因换盆时根系受伤,吸水能力减弱,盆土不宜太湿。浇水过多时,易使根部伤处腐烂。待新根长出后,再逐渐加大浇水量。初换盆时盆土也不可干燥,否则易在换盆后枯死。

三、转盆

转盆,就是转换盆栽植物的方向。单屋面温室中或在室内近窗口摆放盆栽园林植物时间过久,由于趋光生长,植株偏向光线投入的方向而向一侧倾斜。为了防止植物偏向生长,应在相隔一定天数后,转换花盆的方向。

露地摆放的盆花,及时转盆可防止根系自排水孔穿入土中。

四、倒盆

倒盆,就是调整盆栽植物在生长环境中的位置和盆栽植物之间的距离。在两种情况下需要倒盆。其一是盆栽植物经过一段时间生长,株幅增大而造成株间拥挤。为了加大株间距离,改善通风透光条件,必须进行倒盆。如不及时倒盆,会遭致病虫危害和引起植株徒长。其二是在温室中,盆花摆放的位置不同,光照、通风、温度等环境因素的影响也不同,盆花生长出现差异。为使植物生长状况一致,需要经常进行倒盆,来调整植株的生长。一般倒盆与转盆同时进行。

五、松盆土(扦盆)

松盆土可以疏松土面,便于盆内与外界的空气流通,同时可除去青苔和杂草。松盆土可用竹片和自制小铁耙进行。

六、浇水

容器栽培的水分管理是一项非常重要而细致的工作,是保证植株正常生长的主要栽培措施之一。

1. **植物种类不同,浇水量不同**

蕨类植物、兰科植物、秋海棠类植物生长期要求丰富的水分;多浆植物要求较少的水分。同一类植物的不同品种对水分的需求也不一样,如同为蕨类植物,肾蕨在光线不强的室内,保持土壤湿润即可;而铁线蕨则要求将花盆放在水盘之中。

2. 植物的生长时期不同,对水分的需要不同

当植物进入休眠期时,浇水量应依植物种类不同而减少或停止。从休眠进入生长期,浇水量逐渐增加。生长旺盛时期,浇水量要充足。开花前浇水量要适当控制,盛花期适当增多,结实期适当减少浇水量。

3. 季节不同,植物对水分的要求不同

(1) 春季,天气渐暖,盆栽植物出室之前,要逐渐加强通风锻炼。这时,应增加浇水量。草花每隔1~2天浇水1次;花木每隔3~4天浇水1次。

(2) 夏季,大多数盆栽植物种类放置在荫棚下养护。但因天气炎热,蒸发量和植物的蒸腾量仍很大,每天早晚各浇水1次。

(3) 秋季,秋季天气转凉,放在露地的盆栽植物,可每2~3天浇水1次。

(4) 冬季,盆栽植物移入温室,低温温室中的盆花(如三角花)每4~5天浇水1次;中温及高温温室的盆花一般1~2天浇水1次;日光充足而温度较高的温室内浇水要多一些。

4. 浇水时间

夏季以早晨日出前或日落后为好,冬季以上午9~10时为好。

5. 浇水的原则

盆土见干才浇水,浇水就应浇透,俗称"干透浇透"。要避免多次浇水不足,只湿表层盆土,形成"截腰水"。

浇水方法,除用喷壶浇灌外,还可用喷灌、滴灌、浸盆等方法。浸盆就是将盆栽植株浸在水中,使水自盆底的泄水孔自然渗入盆土中。

七、施肥

容器栽培的园林植物除上盆时施入一部分基肥外,在栽培过程中还需追肥。一般一年追肥3~4次。落叶种类在晚秋落叶至早春发芽前,常绿种类在旺盛生长前,结合换盆追肥一次;在生长旺盛期追肥1~2次;最后一次追肥于8~9月进行。追肥以速效肥为主。施肥原则为薄肥多施。

2.2.4 园林花卉应用调查

目的要求

通过实地调查,熟悉公园、绿地园林花卉应用形式的类别与特点。

材料与用具

记录本、笔、地图。

内容与方法

(1) 调查公园、园林、绿地观赏植物应用形式的类别。

(2) 总结公园、园林、绿地观赏植物应用形式的特点(花材、色彩等)。

(3) 针对1~2个绿化景观进行点评,能附实物照片或简易图画。

作业

教师根据每个小组(每组4~5人)的完成情况进行打分。

【知识链接】

一、花坛与花台

花坛是一种规则式的花卉应用形式,一般多设在广场和道路的中央,有时也设在园林中比较广阔的场地中央。在园林中,花坛的布置形式可以是一个很大的独立式花坛,也可用几个花坛组合成图案式或带状连续式。常见花坛分类有:

1. 依花材分类

(1) 盛花花坛:主要由观花草本植物组成,表现盛花时群体的色彩美。可由不同种类花卉或同一种类不同花色品种的群体组成。

(2) 模纹花坛:主要由低矮的观叶植物或花、叶兼美的植物组成。表现群体组成的精美图案或装饰纹样。常见有毛毡花坛和浮雕花坛两类。毛毡花坛各种组成的植物修剪成同一高度,表现平整,宛如华丽的地毯。而浮雕花坛是根据花坛模纹变化,植物的高度有所不同,部分纹样凹隐或凸起。凸起或凹隐的可以是不同植物,也可以是同种植物通过修剪使其呈现凸凹变化,从而具有浮雕效果。

2. 依空间位置分类

(1) 平面花坛:花坛表面与地面平行,主要观赏花坛的平面效果,也包括沉床花坛或稍高地面的花坛。

(2) 斜面花坛:花坛设置在斜坡或阶地上,也可以布置在建筑的台阶两旁或台阶中间,花坛表面为斜面。

(3) 立体花坛:花坛向空间伸展,具有竖向景观。常以造型花坛为多见,用模纹花坛的手法,选用五色草或小菊等草本植物制成各种造型,如动物、花篮、花瓶、塔、船、亭等。

模纹花坛和立体花坛一般都要求材料低矮细密且能耐修剪,由于一、二年生草本花卉生长速度不一,图案不易稳定,观赏期较短,也不耐修剪,故选用较少。而多用枝叶细小、株丛紧密、萌蘖性强、耐修剪的木本或草本观叶植物为主,如五色草、金叶女贞、雀舌黄杨、紫叶小檗等。

盛花花坛用花以观花草本为主,可以是一、二年生花卉,也可以用多年生球根或宿根花卉,也可适当用少量常绿或观花小灌木作辅助材料。一、二年生花卉以其种类繁多、色彩丰富、成本低等原因而成为花坛的主要材料。球根花卉也是盛花花坛的优良材料,其色彩艳丽、开花整齐、高贵典雅,但成本较高,且花期略短。此外,一些宿根花卉也是很好的花坛用花。总之,花坛用花卉应株丛紧密,着花繁茂,盛花时应基本覆盖枝叶,要求花期较长、开放一致、株高宜矮。

由于受观赏植物本身花期的局限,盛花花坛一般只能有 1~2 个季节的观赏期,故一年中应有 3 次左右的更换,才能达到四季有花的效果。换花时可以按原有图案,仅更换花卉,也可重新设计图案加以布置。花坛用花花期过后,应及时更换。

花台和花坛比较相似,也是布置在广场或庭园的中央,有时也布置在建筑物的前面。与花坛不同之处是花台都高出地面,且面积较小,四周用砖或混凝土砌出矮墙,里面装土,将花卉栽种在这个台子上,使其更加突出,并增加立体感。

二、花境

花境是由规则式向自然式过渡的一种花卉的布置形式,其外形是整齐规则的,其内部植物配置则大多采用不同种类的自然斑状混交,但栽在同一花境内的不同花卉植物,在株型和数量上要彼此协调,在色彩或姿态上则应形成鲜明的对比。在选择花卉时不像花坛那样严格,几乎所有花卉都能利用,尤其是球根和宿根花卉更能显出花境的特色,这是因为它们的花朵大多顶生,植株也比较高大,叶丛多直立生长,在背景的衬托下显得比较协调。另外,它们都属于多年生植物,不用年年更换,养护也比较省工。主要的工作是控制各种植物材料之间在体量上的比例和平衡。常用的有玉簪、石蒜、鸢尾、萱草、荷兰菊、芍药等。

三、花丛和花群

在园林中为了把树群、草坪、树丛等自然景观相互连接起来,从而加强园林布局的整体性,常在它们之间栽种一些成丛或成群的花卉植物,这种造园手法是以天然风景区中野花散生的景观为借鉴,给人以豪放开阔的感觉,这是属于自然式的花卉布置形式,因此在布置时不拘一格。也可以把它们栽种在道路曲线的转折外侧,或单丛种植在庭院铺装地面之中。在花卉种类的选择上没有什么特殊要求,植株可大可小,株丛可高可矮,但茎秆必须挺拔直立,叶丛不能倒伏,花朵或花枝应着生紧密,以宿根或球根类花卉为好。

四、垂直绿化

垂直绿化又称立体绿化,是环境绿化向空间发展的一种方式,是指用绿化的方法美化装饰一些建筑物的立面。在园林中可以充分利用蔓性攀援类植物,构成篱栅、棚架、花洞和透空花廊。

2.3 园林苗木生产实训

2.3.1 苗床管理与幼苗移栽

目的要求

掌握苗床管理方法与幼苗移栽技术。

材料与用具

幼苗期苗木、生长苗木的苗床、各类肥料、农药、除草剂等;花锄、铁锹、移苗铲、喷壶、水桶、喷雾器。

内容与方法

(1) 观察苗木生长和环境情况,根据幼苗生长情况进行科学合理的浇水、施肥、松土、遮光等。

(2) 识别苗床内杂草种类和病虫害类别,根据发生情况进行除草和病虫害防治。

(3) 进行幼苗移栽训练。

注意事项：
（1）化学除草和防治病虫害时，注意风向，操作人员需有防护措施。
（2）幼苗移栽要分批进行。

作业

观察抚育管理后苗木生长情况，杂草、病虫害防治效果，调查幼苗移栽成活率，写出跟踪调查实验报告。

【知识链接】

一、苗床管理

播种后，在幼苗出土前及苗木生长过程中，要进行一系列的抚育管理。抚育管理的主要技术措施包括：遮阴、间苗与补苗、截根、松土除草、灌溉与排水、施肥、病虫害防治、苗木防寒等。

1. 遮阴

遮阴是为了防止日光灼伤幼苗和减少土壤水分蒸发而采取的一项降温、保湿措施。幼苗刚出土时抵抗高温、干旱的能力很弱，需要进行遮阴保护。有些树种的幼苗特别喜欢庇荫环境，如红松、云杉、白皮松、含笑等，更应注意遮阴。遮阴一般在撤除覆盖物之后进行。生产上常用的遮阴材料有竹帘、苇帘、遮阴网等，透光率一般要求为50%～60%。遮阴时间为晴天上午10时至下午5时左右，早晚将帘子撤开。每天的遮阴时间应随苗木的生长逐渐缩短。

2. 间苗与补苗

播种育苗，由于环境条件和操作技术的原因，会经常出现幼苗疏密不匀，出苗不齐的现象，需要通过及时间苗、补苗来调整疏密，为幼苗生长提供良好的通风、透光条件。间苗次数依苗木的生长速度而定。大部分阔叶树种，如国槐、刺槐、白蜡、臭椿等，幼苗生长快，抵抗力强，可在齐苗后，幼苗长出两片真叶时一次间完。生长较慢的针叶树种则需要分2～3次间苗。第一次间苗宜早，约在幼苗出土后的10～20天。第二次间苗在第一次间苗后的10天左右进行。最后一次为定苗，定苗留苗数应比计划产苗量高5%～10%。间苗后应适当灌水以淤塞间苗留下的苗根空隙，防止留圃苗根系松动、失水而死亡。

对幼苗疏密不均或缺苗现象，要及时补苗。补苗应结合间苗进行，最好在阴雨天或傍晚进行。补苗后要及时浇水，并根据需要采取遮阴等措施，以提高补苗成活率。

3. 截根

截根是利用利刃在适宜的部位将幼苗的主根截断。断根能促进幼苗多生侧根和须根，控制幼苗主根生长，提高幼苗质量。截根深度一般为8～15cm。主要适用于主根发达而侧须根不发达的树种。

4. 松土除草

松土除草是苗木生长期间的一项耕作措施。松土是为了疏松土壤，减少土壤水分蒸发，改善土壤结构，促进气体交换及微生物的活动，有利根系的生长发育。松土一般在雨后或灌水后1～2天结合除草进行。松土次数，一般苗木生长前半期每10～15天一次，后期每15～30天一次。松土深度，初期2～4cm，后期8～10cm。松土时要全面、均匀、不伤苗木。

杂草不仅与苗木争夺养分和水分,危害苗木的生长,而且还传播病虫害,因此在幼苗生长期间必须及时清除杂草。除草应掌握"除早、除小、除了"的原则。除草于杂草刚刚发生时进行,因为此时杂草根系较浅,容易斩草除根。于杂草开花结实之前必须除清,否则,一次结实,需多次甚至多年清除。除草时应尽量将杂草的地下部分全部挖出,否则达不到根治的效果。

人工除草时要做到不伤苗,草根不带土,除草后土壤疏松,兼有中耕作用。目前大面积除草一般采用化学除草剂除草,效果好,效率高。

5. 灌溉与排水

幼苗对水分的需求很敏感,灌水一定要及时、适量。幼苗期根系分布浅,灌水应"小水勤灌",始终保持土壤湿润。随着幼苗生长,逐渐延长两次灌水间隔时间,增加每次灌水量,促使根系向下生长。灌水一般在傍晚和早晨进行。灌溉时,高床主要采用侧方灌溉,低床主要采用漫灌。应积极提倡使用喷灌和滴灌。喷灌喷水均匀,省水,效果好。滴灌是一种节水的灌溉方法,值得推广。

排水是雨季的一项水分管理措施。雨季或暴雨来临之前要保证排水沟渠畅通。雨后应及时清沟培土,平整苗床。

6. 施肥

施肥是苗木生长过程中一项重要的管理措施,直接影响苗木的质量。为防止养分流失,幼苗生长期,应掌握"少量多次"的施肥原则。一般土壤以氮肥为主,如果氮肥较充足,应适当增加磷、钾比例。苗木不同生长发育阶段对养分的需求不同。一年生播种苗生长初期需氮、磷较多,速生期需大量的氮,生长后期应以钾为主,磷为辅。第一次施肥宜在幼苗出土后一个月,当年最后一次追施氮肥,应在苗木停止生长前一个月进行。

施肥方法分土壤施肥和根外追肥。撒播育苗用撒施和浇灌施肥,即将肥料均匀地撒在床面上再覆土,或把肥料溶于水中浇于苗床。条播育苗可以进行沟施,在苗行间开沟,施入肥料后覆土,施肥后应浇水一次。根外追肥是把速效肥料溶于水后,直接喷洒在叶片上,用量少,肥效快,常用于补充磷、钾肥或微量元素。根外追肥的浓度要严格控制在2%以下,如尿素0.1%~0.2%,过磷酸钙1%~2%,硫酸铜0.1%~0.5%,硼酸0.1%~0.15%。喷洒时间宜在晴天的傍晚或阴天进行,喷后如遇雨,则需补喷一次。

7. 病虫害防治

幼苗病虫害防治应遵循"防重于治,治早治小"的原则,在播种前的土壤消毒、种子消毒、秋耕和轮作的基础上,加强苗木田间抚育管理,清除杂草、杂物等,减少病虫害发生。一旦发现苗木病虫害,及时防治。

8. 苗木防寒

苗木防寒是北方地区常用的一项保护措施。我国北方气候寒冷,早、晚霜来临时间不稳定,幼苗很容易受冻害。苗木防寒,一方面采取春季早播,延长生长期,生长后期控制水肥等措施,促进苗木木质化,以提高苗木本身的抗寒能力。另一方面对苗木实施培土、覆盖、熏烟、灌冻水、设风障等措施进行防寒。

(1)覆盖法。在霜冻到来之前,在畦面上覆盖干草、落叶、马粪、草席等,到晚霜过后再清理畦面。这种方法防寒效果好,应用较普遍。不但可提高土温,也可同时改良土壤,增加有机肥。

（2）熏烟法。对于露地越冬的二年生花卉,可采用熏烟法防霜冻。熏烟时,烟和水汽组成的烟雾,能减少土壤的热量散失,防止土温降低。同时,发烟时烟粒吸收热量使水汽凝成液体放出热量,可提高气温,防止霜冻。熏烟法只在温度不低于 -2℃ 时才有显著的效果。

熏烟的方法很多,地面堆草熏烟是最简单的方法,每亩可堆放 3~4 堆,每堆放柴草 50kg 左右。

（3）灌水法。冬灌能减少或防止冻害,春灌有保温、增温的效果。水的热容量比干燥的土壤和空气的热容量大,灌溉后土壤的导热能力提高,深层土壤的热量容易传导上来,可提高近地表的空气温度。灌溉可提高空气中的含水量,空气中的蒸汽凝结成水滴时放出热量,可以提高气温。

（4）浅耕法。浅耕后,表土疏松,有利于太阳热的导入,使土温提高。

（5）其他方法。如密植、设立风障、利用冷床栽培等。

二、幼苗移栽

幼苗移栽常见于种子稀少的珍贵树种的育苗和种子极细小、幼苗生长很快的树种育苗,以及穴盘育苗、组培育苗等幼苗的移栽。

桉树、泡桐,以及大田育苗困难的落叶松等,生产上常在专门的苗床上播种,待幼苗长出几片真叶后,移栽到苗圃地上。移栽最好在灌溉后 1~2 天的阴天进行。移栽时间因树种而异,落叶松以芽苗移栽成活率最高;阔叶树种幼苗生出 1~2 片真叶时进行为宜。移栽时要注意株行距一致,根系舒展,及时灌水。

穴盘苗、组培苗一般都是在保护地内培育而成。移栽前要采取通风、降温、控水等措施炼苗,使幼苗所处的环境条件尽量接近露地,缩短缓苗时间,增强对不良环境的适应能力。

总之,幼苗根系比较浅、细嫩,叶片组织薄弱,对高温、低温、干旱、缺水、强光、土壤等的适应能力差,因此移栽后,幼苗需立即浇灌。根据不同情况,采取遮阴、喷水等保护措施,及时进行叶面喷肥和根系追肥。

2.3.2 苗木出圃

目的要求

了解苗木出圃调查的内容,熟悉调查方法,掌握带土球起苗和包扎的方法与技术。

材料与用具

待出圃苗木、草绳、薄膜等包扎材料;皮尺、钢尺、记录本、计算器、铅笔、游标卡尺、铁锹、修枝剪等。

内容与方法

（1）苗木调查。

① 根据苗木特点,确定调查方法、调查内容,结合苗圃及生产实际进行。

② 按调查内容对各类苗木的树高、地(胸)径、冠幅等进行测量。

③ 统计各类苗木的数量,计算、填好调查表。

(2) 土球起苗与包扎。

① 确定土球规格。根据树种、季节、苗木大小、运输距离和土质等,确定土球大小与包扎方法。

② 挖土球。按步骤程序进行。注意防止粗壮根系劈裂,防止在挖掘过程中树干倾倒,防止土球偏斜或散坨。

③ 包扎。正确选择包扎方法进行包扎,要求结实、美观。

作业

(1) 将苗木调查结果填入苗木调查统计表,写出苗木质量分析报告。
(2) 总结带土球苗木的起苗与包扎技术要领,写出实习小结。

【知识链接】

一、苗木规格与调查

(一) 出圃苗木的规格

尽管各地对出圃苗木的规格、质量要求不尽统一,但同一地区出圃苗木在规格、质量上应有统一的要求。苗木出圃时,在质量和规格上要做到不够规格、树型不好、根系不完整、有机械损伤、有病虫害的苗木不出圃。现将北京市园林局对园林苗木出圃的规格标准加以介绍,供参考。

1. 常绿乔木

要求苗木树型丰满、主梢苗壮、顶芽明显,苗木高度在 1.5m 以上或胸际直径在 5cm 以上为出圃规格。高度每提高 0.5m,即提高一个出圃规格级别。

2. 大中型落叶乔木

如毛白杨、国槐、五角枫、合欢等树种,要求树型良好,树干直立,胸际直径在 3cm 以上(行道树苗在 4cm 以上),分枝点在 2.0～2.2m 以上为出圃苗木的最低标准。干径每增加 0.5cm,即提高一个规格级别。

3. 有主干的果树、单干式的灌木和小型落叶乔木

如苹果、柿树、榆叶梅、碧桃、西府海棠、紫叶李等,要求主干上端树冠丰满,地径在 2.5cm 以上为最低出圃规格。地径每增加 0.5cm,即提高一个规格级别。

4. 多干式灌木

要求自地际分枝处有三个以上分布均匀的主枝。丁香、金银木、紫荆、紫薇等大型灌木出圃高度要求在 80cm 以上,在此基础上每增加 30cm,即提高一个等级;珍珠梅、黄刺玫、木香、棣棠、鸡麻等中型灌木类,出圃高度要求在 50cm 以上,苗木高度每增加 20cm,即提高一个规格;月季、郁李、金叶女贞、牡丹、红叶小檗等小型灌木类,出圃高度要求在 30cm 以上,苗木高度每增加 10cm,即提高一个规格级别。

5. 绿篱类

苗木树势旺盛,全株成丛,基部枝叶丰满,冠丛直径不小于 20cm,苗木高度在 50cm 以上为出圃最低标准。在此基础上,苗木高度每增加 20cm,即提高一个规格级别。

6. 攀援类苗木

地锦、凌霄、葡萄等出圃苗木要求生长旺盛,枝蔓发育充实,腋芽饱满,根系发达,至少

2~3个主蔓。此类苗木多以苗龄确定出圃规格,每增加一年,提高一个规格别级。

7. 人工造型苗

黄杨球、龙柏球、绿篱苗以及乔木矮化或灌木乔化等经人工造型的苗木,出圃规格不统一,应按不同要求和不同使用目的而定。

(二)苗木调查

通过苗木调查,能全面了解全圃各种苗木的产量和质量。调查结果能为苗木出圃提供数量和质量依据,也可掌握各种苗木的生长发育情况,科学地总结育苗技术经验,指导今后的苗木生产。苗木调查一般在秋季苗木停止生长后进行,此时苗木的质量不再发生变化。

1. 标准行法

在要调查的苗木生产区中,每隔一定的行数(如5的倍数),选一行或一垄作标准行。全部标准行选好后,如苗木数量过多,在标准行上再随机取出一定长度的地段。在选定的地段上进行苗木质量指标和数量的调查,然后计算调查地段的总长度,求出单位长度的产苗量,以此推算出每公顷的产苗量和质量,进而推算出全生产区的该苗木的产量和质量。此调查方法适用于移植区、扦插区、条播、点播的苗区。

2. 标准地法

在调查区内,随机抽取 $1m^2$ 的标准地若干个,逐株调查标准地上苗木的高度、地径(或胸径)等指标,并计算出 $1m^2$ 上的平均产量和质量,最后推算出全生产区苗木的产量和质量。此调查方法适用于播种的小苗。

3. 准确调查法

数量不太多的大苗和珍贵苗木,为了数据准确,应逐株调查苗木数量。抽样调查苗木的高度、地径、冠幅等,计算其平均值以掌握苗木的数量和质量。苗圃中一般对地径在5~10cm以上的大苗都采用准确调查法,以方便出圃。

苗木调查是对全圃内所有苗木进行调查的。调查时应按不同树种、育苗方式、苗木种类以及苗木年龄分别进行调查和记载,分别计算,并将合格苗和不合格苗分别统计,汇总后填入苗木调查表。

二、起苗与包扎

起苗又叫掘苗,起苗操作技术的好坏,直接影响出圃苗木的质量,影响苗木的栽植成活率。

(一)起苗季节

1. 秋季起苗

秋季起苗应在苗木地上部分停止生长,叶片基本脱落,土壤封冻前进行。此时根系仍在缓慢生长,起苗后及时栽植,有利于根系伤口愈合,而且有利于劳动力分配。

2. 春季起苗

春季起苗一定要在树木萌芽前进行。芽萌动后,会影响苗木的成活率。春季大苗出圃是一年中的高潮,应把握芽萌动早的树种早起苗,早栽植;芽萌动晚的树种晚起苗,晚栽植。大部分树种都可在春季起苗。

3. 雨季起苗

主要用于常绿树种,如侧柏、油松、桧柏、红皮云杉、樟子松等。雨季带土球起苗,随起随栽,效果好。

4. 冬季起苗

主要适用于南方。北方部分城市常进行冬季大苗破冻土带土球起苗。这种方法一般是在特殊情况下采用,而且费工费力,但可利用冬闲季节。

(二) 起苗方法

1. 裸根起苗

大多数落叶树种和容易成活的针叶树小苗均可采用此法。起苗时,应在规定的范围以外下锹。落叶乔木的根幅为苗木地径的 8~12 倍(灌木按株高的 1/3 为半径定根幅),大树以树干为中心划圆,在圆圈处向外挖操作沟,垂直挖下至一定深度,切断侧根。然后于一侧向内深挖,适当轻摇树干,并将粗根切断。如遇难以切断的粗根,应把四周土掏空后,用手锯锯断。切忌强按树干和硬劈粗根,造成根系劈裂。根系全部切断后,将苗取出,对病伤劈裂及过长的主根应进行修剪。挖掘大树之前要用竹、木杆支撑树木,并将撑杆与树干用绳捆紧,防止挖掘过程中树木倒伏。

2. 带土球起苗

一般常绿树、名贵树种和较大的花灌木常采用带土球起苗。土球的大小,因苗木大小、根系特点、树种成活难易等条件而异。一般乔木的土球直径约为苗木根际直径的 8~10 倍,土球高度约为其直径的 2/3;灌木的土球大小以其冠幅的 1/4~1/2 为标准。土球应将大部分根系包括在内。土球规格确定后,以树干为中心,按比土球直径大 3~5cm 划一圆圈。然后沿着圆圈向下挖沟,其深度应与确定的土球高度相等。当挖至 1/2 深时,应随挖随修整土球,将土球表面修平,使之上大下小,局部圆滑。修整土球时如遇粗根,要用剪枝剪剪断或小手锯锯断,切不可用锹断根,以免震散土球。我国东北寒冷地区有时采用冻土球起苗。当苗根层土壤冻结后,一般温度降至 -12℃ 左右时,开始挖掘土球。挖开侧沟后,如果发现下部冻得不牢不深,可在坑内停放 2~3 天。若因土壤干燥土球冻结不实,可在土球外泼水,待土球冻实后,把铁钎插入冰坨底部,用锤将铁钎打入,进行起苗。带土球起苗有时还把土球挖成方形,见木箱包扎法。

3. 机械起苗

目前起苗已逐渐由人工向机械作业过渡。但机械起苗只能完成切断苗根、翻松土壤,不能完成全部起苗作业。常用的起苗机械有国产 XML-1-126 型悬挂式起苗犁,适用于 1~2 年生床作或垄作的针叶、阔叶苗,功效每小时可达 $6hm^2$。DQ-40 型起苗机,适用于起 3~4 年生苗木,可起取高度在 4m 以上的大苗。

(三) 苗木分级

苗木分级是按苗木质量标准把苗木分成若干等级。当苗木起出后,应立即在背风庇荫处进行分级,并应同时对过长或劈裂的苗根和过多的侧枝进行修剪。园林苗木种类繁多,规格要求不一。一般根据苗龄、苗高、地径(或胸径)、冠幅和主侧根的状况,分为以下 3 类。

1. 合格苗

合格苗指可用来绿化的苗木,具有良好的根系、优美的树形、一定的高度。如行道树苗木,胸径要求在4cm以上,枝下高应在2~3m,而且树干通直,树形良好,为合格苗的最低要求。在此基础上,胸径每增加0.5cm,即提高一个规格级。

2. 不合格苗

不合格苗指需要继续在苗圃培育的苗木,其根系一般,树形一般,苗高不符合要求。也可称为小苗或弱苗。

3. 废苗

废苗指不能用于造林、绿化,也无培养前途的断顶针叶苗、病虫害苗和缺根、伤茎苗等。除有的可作营养繁殖的材料外,一般皆废弃不用。

分级可使出圃的苗木合乎规格,更好地满足设计和施工的要求,同时也便于苗木包装运输和出售标准的统一。

苗木出圃数量的统计,一般结合分级同时进行,同一类苗50株或100株一捆。

(四)苗木包扎

1. 裸根苗包扎

裸根小苗如果在运输过程中时间超过24h,一般要进行包装。特别对珍贵、难成活的树种更要做好包装,以防失水。生产上常用的包装材料有草包、草片、蒲包、麻袋等。包装方法是先将包装材料放在地上,上面放上苔藓、锯末、稻草、麦秸等湿润物,然后将苗木根对根地放在上面,并在根间填湿润物。当每个包装的苗木数量达到一定要求或重量达到20~25kg时,用包装物将苗木捆扎成卷。捆扎时,在苗木根部的四周和包装材料之间,包裹或填充均匀而又有一定厚度的湿润物。捆扎不宜太紧,以利通气。外面挂一标签,标明树种、苗龄、苗木数量、等级和苗圃名称。

短距离运输,可在车上放一层湿润物,上面放一层苗木,分层交替堆放。或将苗木散放在篓、筐中,苗木间填放湿润物,苗木装满后,最后再放一层湿润物即可。

2. 带土球苗木包扎

带土球苗木需运输、搬运时,必须先行包扎。最简易的包扎方法是四个瓣包扎,即将土球装入蒲包或草片,然后拎起四角包扎。简易包扎法适用于小土球及近距离运输。大型土球包扎,应结合挖苗同时进行。方法是:按照土球规格的大小,在树木四周挖一圈,使土球呈圆筒形。用利铲将圆筒体修光后打腰箍(也称腰绳),第一圈将草绳头压紧,腰箍打多少圈,应视土球的大小而定,到最后一圈,将绳尾压住,不使其散开。腰箍打好后,随即用铲向土球底部轴心处挖掘,使土球下部逐渐收小。为防止倾倒,可事先用绳索或支柱将大苗暂时固定。草绳包扎方式主要有三种。

(1)井字式包扎法(又称古钱式包扎法)。井字式包扎法如图2-1所示,先将草绳一端系在主干上或腰箍上,然后按图(a)所示的顺序包扎,先由1拉到2,绕到土球下面,从3拉到4,又绕过土球底部,从5拉到6……如此顺序包扎下去,每绕一次可用木棒击打土球之棱角与草绳交叉处,并将草绳拉紧。最后从侧面看,就成图(b)的样子。

(a) 包扎顺序图　　　　　(b) 扎好后的土球

图 2-1　井字式包扎法示意图

（2）五角星包扎法。五角星包扎法如图 2-2 所示,先将草绳一端系在腰箍上或主干上,然后按图(a)所示的次序包扎,先由 1 拉到 2,绕过土球底部,由 3 拉到 4,再绕过土球底部,由 5 拉到 6,过土球底由 7 拉倒 8,再绕过土球底由 9 拉到 10,绕过土球底回到 1。按如此顺序包扎拉紧,最后从侧面看成图(b)的样子。

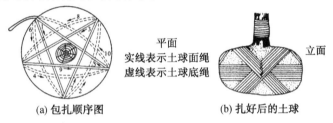

(a) 包扎顺序图　　　　　(b) 扎好后的土球

图 2-2　五角星包扎法示意图

（3）网络式包扎法（又称橘子式包扎法）。网络式包扎法如图 2-3 所示,先将草绳一端系在主干上或腰箍上,拉到土球边,依图(a)的次序由土球面拉到土球底部,从正对面再绕上来,在土球面略绕过主干又绕到土球底部。如此包扎拉紧,直到草绳在土球上均匀布满,从侧面看成图(b)的样子。

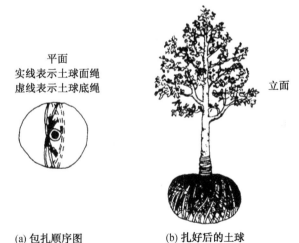

(a) 包扎顺序图　　　　　(b) 扎好后的土球

图 2-3　网络式包扎法示意图

以上三种包扎方法,都需要注意的是,包扎时绳要拉紧,并用木棒击打,使草绳紧贴土球或能使草绳嵌进土球一部分,才能牢固可靠。如果是黏土地,可用草绳直接包扎,适用的最大土球直径可达 1.3m 左右。如果是砂性土壤,则应该用蒲包等软材料包住土球,然后再用草绳包扎。

（4）木箱包装法。木箱包装法适用于胸径在 15cm 以上的常绿树或胸径在 20cm 以上的落叶树，包装如图 2-4 所示。木箱包装植株根部留土台的大小依树种及规格而定，一般按胸径的 6~8 倍确定。土台大小确定后，以树干为中心，在比土台大 10cm 处划一正方形线。将正方形内表土铲去，在四周挖宽 60~80cm 的操作沟，沟深与留土台高度相等，土台上端的尺寸与箱板尺寸一致，土台下端尺寸应比上端略小 5cm，土台侧壁略突出，以便于装箱板时紧紧卡住土台。土台挖好后，先上四周侧箱板，然后上底板。土台表面比箱板高出 1cm，以便吊起时下沉，最后在土台表面铺一层蒲包再上"#"字形板。木箱上好后，即用吊车装在大型卡车上运往栽植地。

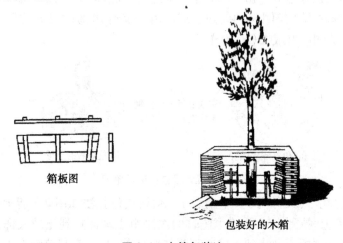

图 2-4 木箱包装法

三、苗木远距离运输

（一）小苗的运输

小苗远距离运输应采取快速运输，运输前应在苗包上挂上标签，注明树种和数量。在运输期间，要勤检查包内的湿度和温度。如包内温度过高，要把包打开通风。如湿度不够，可适当喷水。苗木运到目的地后，要立即将苗包打开进行假植，过干时适当浇水或浸水，再行假植。火车运输要发快件，对方应及时到车站取苗假植。

（二）裸根大苗的装运

用人力或吊车装运树木时，应轻抬轻放。先装大苗、重苗，大苗间隙填放小规格苗。苗木根部装在车厢前面，树干之间、树干与车厢接触处要垫放稻草、草包等软材避免磨损树皮，树根与树身要覆盖，并适当喷水保湿，以保持根系湿润。为防止苗木滚动，装车后将树干捆牢。运到现场后要逐株抬下，不可推卸下车。

（三）带土球大苗的吊装、运输

带土球的大树，重量常达数吨，要用机械起吊和载重汽车运输。吊装和运输途中，关键是保护好土球，不使破碎散开。吊装时应事先准备好麻绳或钢丝绳，以及蒲包片、碎砖头和木板等。起吊时绳索一头拴在土球的腰下部，另一头拴在主干中下部，让大部分重量落在土球一端。为防止起吊时因重量过大，而使绳子嵌入土球切断草绳，造成土球破损，应在土球与绳索之间插入适当大小的木板。吊起的土球装车时，土球向前（车辆行驶方向），树冠向后码放,土球两旁垫木板或砖块,使土球稳定不滚动。树干与卡车接触部位,用软材料垫起,防止擦伤树皮。树冠不能与地面接触,以免运输途中树冠受损伤,最后用绳索将树木与车身紧紧拴牢。运输时汽车要慢速行驶。树木运到目的地后,卸车时的拴绳方法与起吊时相同。按事先编号的位置将树木吊卸在预先挖好的栽植穴内。

2.3.3 园林机具的维修与保养

目的要求

了解并掌握常用园林机具的维护和保养方法。

材料与用具

园林刀具、锯、喷雾器、喷头、草坪修剪机、绿篱修剪机、磨刀石、锉、钻、扳手、螺丝刀等修理工具及零配件。

内容与方法

(1) 花剪、枝剪的维修保养。

将花剪、枝剪拆卸开,将刃部用磨石打磨锋利并抹油防锈,紧固螺丝及各转动部位,用润滑油保养。

(2) 手锯、绿篱修剪机、草坪修剪机维修保养。

将手锯、绿篱修剪机、草坪修剪机拆卸开,用锉将锯条(盘)的锯齿锉锋利。手锯每次打磨应同时矫正锯齿的"开锋",以保证使用时不"咬锯"。各类机动修剪机的锯条或锯盘应在确认安装牢固后才能投入使用,以防事故。

(3) 刀类的维修保养。

应配齐必备的刀具,并使之处于随时可用的状态。关键是要将刃部打磨锋利。打磨时注意刀面与磨石的角度,防止刀面与磨石之间角度过大而使刃部"倒口"。

(4) 喷雾器的维修保养。

每次使用前(尤其是喷施毒性较大的药物)都必须先用清水检查喷雾器是否完好,每次使用后用清水冲洗干净,防止残留物腐蚀容器、喷杆、喷头等部件。

作业

(1) 记录整理各种工具的使用、维修、保养方法。

(2) 每人打磨芽接刀和手锯各一件。

【知识链接】

一、园林手工工具的选择与保养

(一)根据使用者选用

手工工具的选择首先要看使用者。使用者是专业群体或个人,如园林绿化施工单位或机关、学校、团体内的专业绿化人员,一般应选择坚固、耐用、功能比较全面的通用工具;而家庭、业余园艺爱好者,工作量不大,并考虑到作为环境的点缀,应选用美观、小巧、强度一般的家用型工具。

（二）根据作业内容选用

根据作业内容选择专用型工具，如绿篱修剪，选用不同规格的绿篱剪（平板剪），修剪效率高，修剪效果好；欲完成较高部位的修剪，一般选择长把剪、高枝剪，既可免去登高作业的危险，又可较方便地观察整个树冠，从而更好地把握各部位的修剪程度。

（三）打磨

"磨刀不误砍柴工"，说明打磨工具的重要性。园林绿化手工工具，多数用于砍、劈、截、削等作业。多数手工工具都具有刃，少数具有齿，打磨的作用就是使刃或齿更加锋利，使用起来更加省力和快捷。常用的打磨工具有油石、钢锉、砂轮等，还需配备扳手、老虎钳等辅助工具。园艺工具的种类很多，刃或齿的形式也各异，现以园艺生产中最常见的手工工具为例，介绍打磨的方法和需要注意的问题。

1. 修枝剪

修枝剪又称枝剪。传统的园艺修枝剪，由一主动剪片和一被动剪片组成。主动剪片的一侧为刃口，是需要重点打磨的部位。打磨的一般方法是，先将两剪片的支点螺丝拧开，将主动剪片的外侧在油石上打磨，以削薄刃口。打磨园艺修枝剪应注意以下几个技术问题：一是支点螺丝是反牙，即与一般螺丝的丝牙方向相反；二是主动剪片的内侧一般不打磨，以免主动剪片与被动剪片之间产生较大缝隙，导致使用时"夹枝"或称"咬枝"；三是打磨主动剪片外侧时，把握好打磨角度，即打磨面与打磨工具工作面的夹角，特别防止打磨角度过大，打磨面过小，刃口纵深过短，影响使用，如果打磨角度过大，刃口纵深过宽，将导致"倒刃"，即刃口太薄，使用时刃口容易折断而造成缺刻；四是支点螺丝不宜拧得太紧，否则影响剪片活动，影响使用。现代修枝剪出厂时即已打磨好，有的产品两个剪片都带刃口，给使用者带来许多方便。

2. 芽接刀

传统的园艺芽接刀，把柄的一端是金属刀（习惯称为刀头），另一端是骨片（刀尾）。打磨的对象是芽接刀的刀刃。芽接刀的刀刃呈月牙形，刀刃的两侧均需打磨。打磨时也应把握好打磨的角度，特别是刀尖及其以下1/3部位。如果用单面切片刀作芽接刀，则无需打磨。

3. 切接刀

切接刀打磨的技术要点类似于修枝剪的主动剪片，即打磨刃口的一侧，并把握打磨的角度。

其他园艺刀、剪的打磨可以参照上述工具打磨方法。

4. 园艺锯

园艺锯的种类也很多，现以普通园艺手锯为例，介绍园艺锯的打磨方法及需要注意的技术问题。锯的打磨内容主要包括锉齿及扳牙（亦称开缝）。锉齿常用工具是三角钢锉，扳牙常用工具是开缝扳。将锯齿朝上并固定，或用一只手握住锯柄使之固定，用三角钢锉锉每个锯齿的两侧，使锯齿尖锐，再用开缝扳将相邻两个锯齿朝两边略倾斜，使全部锯齿形成具有一定夹角的两条直线。开缝的目的是使手锯在使用时形成较大的锯缝，既可以减少锯两侧的摩擦，省工省力，又可避免夹锯。打磨园艺锯应注意的几个技术问题：一是尽量使锯齿的高度在一条线上，防止两头高中间低，或两头低中间高，或呈波浪形；二是使每个锯齿的纵向倾斜角度基本一致；三是防止开缝过宽或过窄。开缝过宽,手锯来回推拉时阻力太大；开缝过窄,达不到开缝的目的。

（四）保养

手工工具的保养,与保持工具良好的使用性能、延长其使用寿命关系密切。

1. 防锈

手工工具的工作部件多为金属材料制成,而金属材料很容易生锈,轻者影响使用,重者可能失去使用价值。所以使用后应及时擦洗干净,并用防锈油保护。

2. 保管

存放环境应干燥、清洁。各种工具应归类存放,以便清点和存取。非专人使用的工具,应建立工具使用卡,完善使用登记制度,及时维修已损坏的工具,保证工具的完好率,提高工具的使用效率。

二、园林机具的使用

园林机具的正常使用是保证机械高效、优质、低耗、安全生产的关键。为保证正常使用,应注意以下几个问题。

（一）人员培训

人员培训是指对机械操作使用者进行培训。通过培训,使用者应熟悉机械的性能、参数、结构、基本工作原理、调整和维修保养等机械本身的知识,同时还应熟悉使用该机械进行作业的内容、适用范围及安全使用知识。

对人员培训的主要内容之一是组织使用者反复、认真地阅读使用说明书。使用说明书是全面指导操作人员安全使用机械的重要技术文件,使用者必须弄懂弄通。

（二）规章制订

规章制度是机械管理者依据机械性能、原理及作业特点,为安全、正确、顺利使用机械进行作业而制定的管理依据。规章制度既是对使用者的约束,也是规范管理行为的准则。

（三）班前准备

班前准备是指正常作业前,应对以下各项内容进行准备。

1. 人员准备

操作人员应认真阅读使用说明书,熟悉机械的结构及操作、控制机构。不允许儿童及未经培训的人员操作使用。操作人员需按作业内容穿戴合适的劳动防护服装,不佩带影响安全的饰物,不披散长发。操作人员作业前不得饮酒,身体健康条件应符合工作的需要。

2. 机械准备

检查机械各部件螺丝有无松动,对工作部件应作特殊检查。检查机械各传动及旋转工作装置等的防护罩或防护板是否完整、坚固、有效。机械在起动和行走前应处于空档或离合器分离位置;工作部件离合装置也应处于分离位置。检查机油油位,将机械放置在水平地面上,把油尺口擦干净,检查油位是否在油尺刻度线内。如低于刻度线,应从机油口注入机油。机油加至满刻度线为止,切勿过量。检查燃油箱油量是否足够使用,作业前应将燃油箱加满油料。汽油与机油的配兑比例应按照说明书的要求严格掌握。配兑方法是,先向适量机油中加入少量汽油,盖上容器的盖子,轻微摇动使其充分混合,再加入其余汽油。添加燃油时应使油箱顶部保留一定空间。加油时及在油箱附近严禁吸烟。

清点并携带随机工具、易损件及附件。每次作业均需携带工具和易损件,并根据当日作业内容安装、调整好随机附件。

备足油脂燃料。小型园林机械油箱容量有限,因此需随机携带油脂燃料。其中汽油是极易挥发和燃烧的油料,应注意防火。

3. 勘查作业区域

操作前应仔细勘查作业区域,清除地面障碍物,如砖头、石块、建筑垃圾;熟悉作业区域地形,特别是斜坡、坑洼等特殊地形。若是高空作业,应对作业区域上方的电线、广告牌多加注意,以防意外。

4. 正常作业

在做好上述班前准备工作后,才能开始正常作业。为保证作业顺利进行,作业中应密切注意下列问题:

(1) 机械状况。在起动发动机前,应分离传动装置的离合器,待发动机平稳起动、正常运转后,才能平稳结合离合器。作业过程中,应随时观察机械是否出现异常响声、震动或气味;仪表盘显示是否正常。若出现异常现象,应立刻停机,检查原因,并经有效处理后才能继续作业。

(2) 作业质量。在作业过程中,应随时目测检查作业质量,并应定时停机检查。作业质量往往最能反映工作部件的状态,如从割茬整齐度可以判断刀片是否锋利。若需检查旋转或运动部件,务必先停机后检查,以保证安全。

(3) 停机加油。作业过程中添加燃油一定要先停机、后加油,绝不要在发动机运转时添加燃油。加油完毕,需擦干洒在油箱外表的燃油。绝不准在添加燃油时抽烟或让明火靠近。

(4) 更换部件。在作业中更换部件或零配件,应在停机一段时间后进行,防止因惯性而继续旋转或运动的部件碰伤人体。然后按照说明书规定的程序拆卸原工作部件,换装新的工作部件。拆装时应注意保存好各部件与主机的连接螺丝、销轴、卡箍等。在进行擦拭、清洗、检查、维修、调校机械等工作之前,应将发动机熄灭、拔掉火花室高压线,并使高压线接头远离火花室,以避免机器被意外起动而造成人身伤害。

(四) 班后保养

班后保养是指完成了当天作业任务后,尚需完成下列各项保养任务。

1. 擦拭

首先应将机器的外表擦拭干净,能够清楚看出机器各部位,确定有无损坏和碰伤;对切削部件应清除塞在上面的土、草等杂物,并擦拭干净。

2. 检查

检查各部件状态,有无松动、损坏和碰伤,并认真检查切削部件(如刀片、锯、链等)有无裂缝、刃部是否磨钝或损坏。

3. 紧固和更换

对检查出现的问题应逐一解决,紧固松动的螺丝和销钉;对能及时修复的零部件应立即修复,对不能在班后修复的零部件应及时更换;对切削部件应及时打磨,恢复其锋利程度。

4. 加润滑油

按说明书要求,对运动配合部位、轴承等各润滑点加润滑油。

5. 次日作业准备

如果知道次日的作业内容,应按次日的内容换装新的工作部件及随机所带物品。

完成上述工作后,应填写工作日志,记录当日所完成的工作、遇到的问题及解决的办法,并详细记录作业中出现的故障及排除方法。还应记录当日油耗、易损件等的消耗情况及完成作业内容及任务量,以便进行经济核算。

2.4 草坪建植与养护实训

2.4.1 园林绿地杂草的识别与调查

目的要求

了解园林绿地杂草的种类、分布、形态特征及其危害情况,为杂草防除和检疫奠定基础。

材料与用具

放大镜、镊子、解剖针、枝剪、小锄、标本采集箱、标签、植物采集记录卡、铅笔。

内容与方法

(1)杂草调查与形态描述。

① 调查并初步鉴定杂草种类。

② 调查杂草的组合。

③ 调查杂草的立体分布(高层、中层、低层)。

④ 调查危害类型(恶性、主要、次要)。

⑤ 进行杂草分级。

⑥ 选择有代表性的杂草采集 30 份完整的标本,系上标签并填好植物采集记录卡。

⑦ 室内鉴定(利用植物分类检索表及植物志等工具书)。

⑧ 选取 1~2 个杂草优势种进行形态描述。

⑨ 对个别种进行跟踪调查,并记录出苗时间、开花时间、成熟期、种子传播方式等。

(2)蜡叶标本制作。详见植物及植物生理学实验实习指导书。

(3)杂草调查取样方法。

① 5 点取样。按梅花形每块地取 5 点。

② 对角线等距离取样。每块地取 4~6 点。

③ 平行地取 5 点。

(4)杂草调查取样面积。杂草发生量大的,调查点面积可小些,通常为 $1/4 m^2$;杂草发生量小的,调查点面积可大些,一般为 $1 m^2$。

(5)杂草计数方法。通常是制 1 个一定面积的"田"字形方框,置于取样点上,在方框内数杂草株数。

(6) 杂草发生情况的评估指标。

① 杂草密度 = $\dfrac{\text{杂草株数}}{\text{植物总株数}} \times 100\%$

② 杂草多度 = $\dfrac{\text{杂草总株数}}{\text{调查点总面积}(m^2)}$（株/$m^2$）

③ 频度 = $\dfrac{\text{某种杂草出现点数}}{\text{调查样点总数}} \times 100\%$

④ 相对盖度 = $\dfrac{\text{样点中某种杂草的总盖度}}{\text{样点中全部植物的总盖度}} \times 100\%$

注：盖度即植物个体的投影覆盖地面积。

(7) 杂草分级。根据杂草的相对盖度与危害程度分为1~5级。

作业

(1) 采集杂草标本30份。

(2) 对1~2种杂草进行形态描述。

(3) 写出调查报告。

注：危害类型的依据主要是危害程度与清除难易度。

【知识链接】

一、杂草的概念

草坪杂草是指除栽培的草坪植物之外的其他植物。杂草的概念是相对的，如苇状羊茅是草坪草种类之一，但若出现在精美的剪股颖草坪中也被认为是一种杂草。杂草可通过风、水、鸟类、动物和人类传播。

二、杂草的类型

杂草的分类通常是根据杂草的生物学特性和防除方法的差异来划分的。划分的主要类型如下。

(1) 根据叶片类型来划分，可分为阔叶杂草与狭叶杂草。

(2) 根据生活周期划分，可分为一年生杂草、二年生杂草和多年生杂草。

(3) 根据子叶数分类，可分为单子叶杂草和双子叶杂草。被子植物中除少数寄生植物如菟丝子(*Cuscuta chinensis*)没有子叶外，具有2枚子叶的称为双子叶植物，如大多数阔叶杂草为双子叶杂草；只有1枚子叶的称单子叶植物，如禾本科与莎草科杂草。

(4) 根据杂草萌发与温度的关系分类，可分为早春杂草与晚春杂草及夏季杂草。早春杂草在早春温度5℃~10℃即可发芽，当年夏季开花结果，如藜、扁蓄；晚春杂草在晚春温度10℃~15℃开始发芽，最适的发芽温度在20℃以上。如稗(*Zchinochloa crusgalli*)、狗尾草、反枝苋、马唐(*Digitaria sanguinalis*)、野燕麦等。通常多年生杂草危害草坪面积不如一年生杂草大，但从局部地区看，多年生杂草由于防除较困难，一旦形成草害，损失往往大于一年生杂草。

以防除为目的，通常将杂草分为三个防除组：一年生禾本科杂草、多年生禾本科杂草和阔叶杂草。

三、中国主要草坪杂草种类、特性与分布

根据联合国粮农组织报道：全世界杂草约有 5 万种，其中 18 种危害极为严重，被称为世界恶性杂草——检疫性杂草。中国杂草种类目前已发展到 1 000 种以上，其中 600 种是比较常见的。据调查：在中国草坪杂草近 580 种中，一年生杂草 278 种，占 48%；二年生杂草只有 59 种，占 10%；多年生杂草 243 种，占 42%。中国南北各地由于气候各异，所以不同地区有不同的代表性杂草，如华南地区有飞机草(*Eupatorium odoratum*)、胜红蓟(*Ageratum conyzoides*)、圆叶节节菜(*Rotala rotundifolia*)、两耳草(*Paspalum conjugatum*)；华中地区有狗牙根(*Cynodon dactyton*)、猪殃殃(*Galium aparine* var. *tenerum*)等；华北地区有狗尾草、蟋蟀草、播娘蒿等；东北地区有卷茎蓼(*Polygonum convolvulus*)、野燕麦、苍耳(*Xanthium sibiricum*)等；西北地区有苦豆子等。长叶车前、打碗花(*Calystegia hederacea*)、荠、扁蓄、藜、刺儿菜(*Cirsium setosum*)、蒲公英、稗、蟋蟀草等几乎遍及全国。

四、杂草的危害

杂草的危害是多方面的，具体如下：① 影响草坪草的生长发育，杂草通常与草坪草竞争阳光、水分、营养，降低草坪草的生活力；② 有些杂草是一些病虫害的寄生植物，使草坪草病虫害加剧；③ 损害草坪的整体外观；④ 影响人畜安全，如毒麦种子有毒，打碗花和罂粟的乳汁有毒。

五、杂草的常见种类

1. 一年生禾本科杂草

（1）一年生早熟禾(*Poa Annua* L.)：一年生或多年生，在潮湿遮阴条件下，草坪土壤板结时发生蔓延。生长习性从疏丛型到匍匐型，在冷的气候下，在草坪中表现为淡绿色斑块，常在炎热的夏季干枯死亡。整个生长季节都长穗，4、5 月份抽穗最多。在温凉的气候条件下，只要无病害、灌水及时、修剪低矮就可形成非常漂亮的草坪。

（2）止血马唐和毛马唐(*Digitaria Ischaemum* [Schreb.] 和 *Digitaria Sanguinalis* [L.])：为夏季一年生禾草，春末夏初萌发，生长在温、湿和中度光照、强光照条件下，穗的顶端有指状突起，横向生长竞争性很强。夏末初秋，温度变低时生长缓慢或停止生长，第一次霜冻后死亡，常在草坪中形成暗淡的褐色斑块。

（3）黄狗尾草(*Setaria glauca* [L.] P. B.)：夏季一年生禾草，发芽晚，常见于新播的草坪，在已建植好的草坪中不常见，并常与马唐相混淆，但不像马唐那样横向扩展。近基部叶片上有茸毛，穗黄色，圆柱型为其鉴定特征。

（4）蟋蟀草(*Eleusine indica* [L.] Gaertn)：夏季一年生禾草，它在马唐萌发几周后开始萌发，外观上与马唐相似但颜色较深，中心呈银色，穗呈拉链状，常见于暖温带及更热气候区的板结、排水不良的土壤上。

（5）秋稷(*Panicum dichotomiflorum* Michx.)：夏季一年生禾草，发芽较迟，可在秋季新建草坪上危害，短紫色叶鞘，种穗可长成舒展的圆锥花序。

（6）少花蒺藜草(*Cenchrus pauciflorus* Benth.)：夏季一年生禾草，常见于稀疏草坪中，尤其在贫瘠砂质土壤上多见。可结出坚硬刺球，常贴到衣服上。

2. 多年生禾本科杂草

（1）匍匐冰草(*Agropyrom repens* [L.] Beauv.)：多年生杂草，靠强壮的根茎扩展，是寒

温带气候区最严重的杂草,色灰绿,叶耳长而紧扣。

(2) 高羊茅(*Festuca arundinacea* Schreb.):质地粗糙,冷季型常绿禾草,在草坪中常形成丛状。然而,全为高羊茅时,则可形成良好的草坪,特别是在温带和亚热带之间的过渡带表现良好。

(3) 狗牙根(*Cynodon dactylon* [L.]Pers.):暖季型多年生禾草,常见于暖温带气候区内,也可用作草坪。

(4) 剪股颖(*Agrostis palustris* Huds.):冷季型多年生禾草,通过地上匍匐茎蔓延,可形成松散致密的斑块,最终可占据整个草坪。修剪低短,管理适当,可形成很好的草坪,否则可视为严重的杂草。

(5) 隐子草(*Muhlenbergia shreberi* J. F. Gmel.):匍匐多年生禾草,在草坪中形成与剪股颖类似的斑块,常分布在暖温带或更暖地区的潮湿、遮阴处。叶片短小、扁平,带有宽的皱折,指向顶端。

(6) 香附子(*Cyperus esculentus* L.):多年生禾草,通过种子、根茎和小而硬的地下球茎发芽后地上枝条出现,夏季生长旺盛,数量大量增加。秋天上部枝条消失,而下部球茎继续存活越冬,常见于暖温带或更暖的气候区。而与之有关的紫香附子(*Cyperus Rotundus* L.)则主要分布于亚热带或温暖的气候区。

(7) 毛花雀麦(*Paspalum dilatatun* Poir.):多年生禾草,质地粗糙,靠种子繁殖,热带及亚热带气候条件下生长旺盛,喜欢温暖土壤环境,簇状,可严重影响草坪的外观质量,也影响草坪的可运动性。

3. 阔叶杂草

(1) 蒲公英(*Taraxacum officinale* Weber):多年生种子繁殖,主根长,具有再生能力。叶片尖裂,花浅黄,种子成熟后变白,随风飘移。

(2) 阔叶车前和车前(*Plantago major* L. 和 *Plantago Rugelli* Dcne.):多年生,种子繁殖,叶子形成莲座叶丛,指状花轴,直立生长,常见于植株稀疏、肥力低的草坪。

(3) 长叶蒲公英(*Plantago lanceolata* L.):多年生,羽状叶片,圆头小穗,花轴细长。多见于贫瘠、生长不良的草坪上,常与车前子共生。

(4) 繁缕(*Stellaria media* [L.]Vill.):冬季匍匐一年生植物,叶片小,浅绿,茎多茸毛,多分枝,由枝生根,向四周扩展面积大,与草坪草竞争力强,冷凉季节白色星状花出现,是潮湿、板结土壤的指示植物,常见于果岭上病虫引起的稀疏草坪区。

(5) 卷耳(*Cerastium vulgatum* L.):多年生,主要靠种子繁殖,也可以通过匍匐茎繁殖。叶片小,多茸毛,深绿,生长致密,与繁缕生长习性相似,是潮湿和板结土壤的指示植物。

(6) 千叶蓍(*Archillea mille folium* L.):是一种羊齿状多年生杂草,根茎繁殖,在修剪低矮时,可以形成致密的草垫,抗线虫,耐干旱,在干旱低肥力土壤上常见。

(7) 白三叶(*Trifolium repens* L.):多年生,匍匐生长,竞争性强,喜潮湿,耐贫瘠。有强壮的直立根和根茎,三个短柄叶片连在一起,花圆形、白色。以前常认为三叶草是许多草坪中的重要组成部分,现在大都把它划归为杂草。

(8) 天蓝苜蓿(*Medicago lupulina* L.):一年生,与白三叶极相似,但花为黄花,叶片生长在茎上,叶阔,叶片有短叶柄。晚春或夏季草坪缺水的干旱季节蔓延发展。

(9) 酢浆草(*Oxalis stricta* L.)：淡绿色，种子繁殖，一年生或多年生，心形叶片，花黄色、5个瓣。一般生长在潮湿、肥沃的土壤上。常见于温带气候区内。

(10) 马齿苋(*Portulaca oleracea* L.)：夏季一年生，具光滑、紫红色茎。在温暖、潮湿肥沃土壤上生长良好。在新建草坪上竞争力很强。

(11) 扁蓄(*Polygonum aviculare* L.)：生长低矮，一年生，早春发芽生长。阶段不同外观有所不同。幼苗时有细长、暗绿色叶片，互生于有节的茎上。生长后期，叶小，淡绿色，开出不明显的小白花。长主根，抗干旱。在板结土壤上生长良好，主要分布在温带和亚热带气候区。

(12) 匍匐大戟(*Euphorbia supina* Raf.)：一年生，生长缓慢，夏季出现，朝天小叶对生。茎断后有乳汁状液体。

(13) 皱叶酸模(*Rumex crispus* L.)：多年生，种子繁殖，肉质主根，叶片大而光滑，边缘卷曲，常生长在潮湿、细质地、肥沃的土壤上。

(14) 田蓟(*Cirsium arvense*[L.]Scop. 和 *Cirsium vulgare*[Savil]Ten.)：深根系，多年生或二年生。叶片带刺，呈锯齿状，莲座型生长，大量的硬刺使人难以接近。

(15) 菊苣(*Cichorium intybus* L.)：多年生，种子繁殖，肉质粗主根。莲座叶片，浅蓝色花，花梗坚硬。常见于路边、不常修剪、土壤贫瘠的草坪上。

(16) 小酸模(*Rumer acetosella* L.)：丛状多年生，叶片箭形，主根粗，种子及侧枝匍匐茎繁殖。是酸性、低肥力土壤的指示植物，主要分布于温带气候区。

(17) 轮生粟米草(*Mollugo verticillata* L.)：夏季一年生，光滑、浅绿、舌状叶片。茎向各方分枝，形成平坦、环行草垫生长。

(18) 欧亚活血丹(*Glechoma hederacea* L.)：匍匐多年生，常在草坪中形成致密的斑块。叶片浅绿色、圆形，贝壳边缘，蓝紫色花，茎四棱，在遮阴区、排水不良土壤上生长良好，主要限于寒温带气候区。

(19) 宝盖草(*Lamium amplexicaule* L.)：冬季一年生，种子繁殖，叶片像欧亚活血丹沿茎对生，分布广泛，主要分布于潮湿肥沃的土壤。

(20) 圆叶锦葵(*Malva neglecta* Wallr.)：一年或二年生，种子繁殖，主根长，圆叶，明显五裂，花白色，春末始花，后继续开花，是肥沃土壤的指示植物，广泛分布于温带或亚热带地区。

(21) 野葱和野蒜(*Allium canadense* L. 和 *Allium Vineal* L.)：多年生，叶片纤细管状，前者叶片实心，后者空心，主要是依靠带花穗产生的小鳞茎繁殖，常生长在暖温带或亚热带细质地土壤上。

(22) 野牛蓬草(*Alchemilla arvensis*[L.]Scop.)：冬季一年生，白绿色、三裂叶片，梗短，主要分布在亚热带肥沃、黏质的土壤上。

(23) 婆婆纳(*Veronica spp.*)包括几种一年和匍匐多年生品种，常在草坪上形成致密斑块。漂亮的蓝花，常用于园林中的装饰植物，一旦侵入草坪，则很难用传统的阔叶除草剂去除。

2.4.2 草坪的建植

目的要求

学生通过实习了解和掌握草坪建植的基本过程及关键技术。

材料与用具

草坪种子、草皮、肥料、杀虫剂、除莠剂、草坪专用铲草机、小型播种机、铁锹、耙等农用整地工具、施药及喷灌设备。

内容与方法

(1) 将草坪种植地深耕30cm,清除耕翻层的石块、杂草根茎等杂物,按草坪要求将种植地整理成坡度0.8%左右的缓坡。

(2) 喷洒灭生性除草剂,杀除残留杂草根茎及种子(待除草剂药效发挥完后再建植草坪),或进行手工拔除方式清除杂草。

(3) 种子撒播和草皮铺植。撒种后用人工或机械轻度镇压土表。按要求铺植草皮,铺植后浇水稍镇压,以使草皮与土表结合。

(4) 对坪床进行喷灌,保持土壤湿润,促进草种萌发或坪草生根。

作业

记录草坪建植的全过程,并将记录整理成实验报告。

【知识链接】

一、草坪建植工程施工计划

(一) 制订施工计划的意义

草坪绿地除草坪建植外,还涉及上下水系统、道路、雕塑、水景和园林建筑等多项工程。为保证各项工程顺利有序地完成,在施工之前,必须编制一份供统一协作、配合行动的施工计划。一般绿地建植工程总是土方工程在前,景点建筑工程随后,最后才是绿地建植。就种植施工而言,又有植树铺草坪、布置花坛等多种项目。各项目之间,又由于受季节的影响,均有不同的施工期和工程量,因此,合理安排施工计划,不仅可以保证工程按期完成,而且可以提高工效,减少窝工浪费。

(二) 施工计划的内容和编制方法

(1) 工程组织。根据草坪绿地工程量大小组织施工队伍,除了工程领工外,应有技术人员和各种技术工人。全体人员对工程设计意图、施工任务和工程特点均应统一认识和了解。

(2) 任务分配。根据施工项目和工程量分配任务,确保绿地工程高质量顺利完工。特别是对限期交工的工程,必须组织足够的施工力量按期完成。

(3) 管理措施。要建立分层负责制,使各项工作有人负责,要保证工程质量和进度,必须实行合同管理。

(4) 施工进度。绿地建设要划分不同的工序,根据作业定额和施工力量,安排工程进度。草坪建植的工序一般有土壤处理或坪床准备、播种或铺坪、养护管理等工序。如要在草坪内植树,应先挖坑栽树,再建草坪。

(5)施工计划编制方法。在总工程进度统一要求下,编制各单项工程的施工进度、材料供应、用工数量和机械设备需要量等。

二、草坪建植工程材料检查

用于建植草坪的材料包括草种、具繁殖能力的草皮、单个植株以及草坪草的组织器官。

(一)种子的检查

纯净度(P%)是指被鉴定种或品种的种子中纯净种子占种子总量的比例,在一定水平上表示了种子中的杂物(颖、尘土、杂质等)、杂草及其他作物种子含量的多少。通常草坪草种子的纯净度应为82%~97%。生活力(V%)是在标准实验室条件下活的以及将萌发种子占总种子数量的比例,草坪草种子生活力最低不应低于75%。纯净度与生活力的积(PLS = P% × V%)是种子质量的综合表示,其值越高,质量越优。

(二)草皮块的检查

高质量的草皮块应是质地均一,无害虫,未感病害,操作时能牢固地结合在一起,铺植后1~2周内就能生根。草皮块尽可能薄,一般厚度以2cm为宜。尽量减少芜枝层量。为减轻重量和促进草的新根生长,亦可将草皮用水洗去泥土。草皮块的大小以铺装运输方便为依据,以长50~150cm、宽30~150cm为宜。

(三)草塞的检查

草塞是从草坪中挖取或用草皮切成的圆柱状草皮块,其带土厚度为2~12cm不等,使用时应防止发势和脱水。

(四)幼枝和匍匐茎的检查

幼枝和匍匐茎是指单个植株或几个节的匍匐茎部分。此种材料是以正常高度修剪草坪,以防止种子的产生,尔后停止修剪几个月,促进大匍匐茎生长,当匍匐茎生长到足够时间后,收获草皮,尽量除去泥土,按一定长度切断,每个茎段必须含有2个以上的活节,栽植于坪床上。

(五)草块及草卷

铺栽草坪用的草块及草卷应规格一致,边缘平直,杂草不超过5%。草块土层厚度宜为3~5cm,草卷土层厚度宜为1~3cm。植生带,厚度不宜超过1mm,种子分布应均匀,种子饱满,发芽率应大于95%。

播种用的草坪、草花、地被植物种子均应注明品种、品系、产地、生产单位、采收年份、纯净度及发芽率,不得有病虫害。自外地引进种子应有检疫合格证。发芽率达90%以上方可使用。

三、草坪建植基床整备

基床整备包括基床清理、床土翻耕、基床平整、床土改良、构建排灌设施及施肥等技术环节。

(一)基床的清理

基床清理是指清除建植基床场地内有碍建植草坪的树木及土堆等物体的作业。如在长满树木的场所,应完全或有选择地伐去树木、灌丛,清除不利于草坪草生长的石头、瓦砾,消除和杀灭杂草,进行必要的挖方和填方等。主要包括木本植物的清理、岩石和瓦砾的清理以及杂草的防除。

（二）基床的翻耕

翻耕是在大面积的基床上，犁地、圆盘耙耕作和耙地等操作。翻耕能改善土壤的通透性，提高持水能力，减少根系伸度的阻力，增强土壤抗侵蚀性能，提高草坪耐践踏性和表面稳定性。土壤对于耕作的反应是形成良好的团粒。耕作应在适宜的土壤湿度下进行，即用手可把土捏成团，抛到地上即散开时进行。

犁地是用犁将土壤翻转，可将表土和植物残体翻入土壤深部，犁过的地应进行耙，以破碎土块、草垡、表壳，改善土壤的团粒结构，使坪床形成平整的表面，准备压实后播种。耙地可在犁地后立即进行。为了利于有机质的分解，也可在犁地后过一段时间进行耙地。对夏季休闲的地段，通常只进行圆盘耙耕作。

旋耕是一种粗放的耕地方式，主要用于小面积坪床，如高尔夫球的发球台及住宅区庭园草坪的坪床准备。旋耕操作可达到清除表土杂物和把肥料、土壤改良剂混入土壤的作用。

翻耕作业最好是在秋季和冬季较干燥时期进行，这样可使翻转的土壤在较长的冷冻作用下碎裂，也有利于有机质的分解。耕作时，必须细心破除紧实的土层，在小面积坪床上，可进行多次翻耕松土，大面积坪床可使用松土机松土。松土的深度不得少于15～20cm。

（三）基床面的平整

基床，应按草坪对地形要求进行平整。如为自然式草坪，基床则应有适当的自然起伏，规则式草坪则要求坪床表面平整一致；平整有的地方要挖方，有的地方要填方，因此，在作业前应对平整的地块进行必要的测量和筹划，把熟土布于坪床面上。坪床的平整有粗平整和细平整两类。

（1）粗平整。粗平整是床面的等高处理，通常是挖掉突起的土堆、土埂等，填平沟坑。作业时把标桩钉在固定的平面标高处，整个坪床应设1个水平面。表面排水适宜的坡度约为2%，在建筑物附近，坡向应是离开房屋的方向。运动场则应是中部隆起，能从场地中心向四周排水。高尔夫球场草坪，发球台和球道则应在一个或多个方向上向障碍区倾斜。在坡度较大而无法改变的地段，应在适当的部位建造挡水墙，以限制草坪的倾斜角度。

（2）细平整。细平整是使基面平滑，为建植草坪作种植准备的操作。在小面积坪床上，可用人工平整。用1条绳子拉1个钢垫，将坪床表面拖平，是细平整的方法之一。大面积平整则需借助专用设备，如土壤犁刀、耙、重钢垫（糖）、板条大耙和钉齿耙等。细平整应在播种前进行，以防止表土板结，最好在土壤湿度适宜播种时进行。

（3）坪床镇压。坪床镇压是压实床土表层的作业。平地后需对坪面进行适度镇压，通常用重100～150kg的碾磙或耕作镇压器，压实坪床表土。镇压应在土壤湿度适宜（土在手中可捏成团，落地即散）时进行，机械镇压作业的移动方向，应以横竖垂直交叉进行，直到床面几乎看不见脚印或脚印深度小于0.5cm时停止作业。翻松的床土，压下2.5～5cm属正常现象。

（四）基床的土壤改良

基床土壤改良的总目标是使土壤形成良好的结构，并能在长期冲击、踩压的条件下仍然保持其良好性能。理想的草坪床土应是土层深厚，排水性能良好，pH在5.5～6.5之间，结构适中的土壤。然而，建坪的土壤并非都具有这些特性，因此，对坪床土壤必须进行改良。

土壤改良方法是在土壤中加入改良剂。土壤改良剂在生产中大量使用有机合成物及天然有机、无机物。坪床常用泥炭,其施用量为覆盖草坪床面约5cm或5kg/m²。泥炭在细质土壤中可降低土壤的黏性,分散土粒在粗质土壤中,可提高土壤保水保肥能力;在已定植的草坪上则能改良土壤的回弹力。其他一些有机改良剂,如锯屑等也能起到与泥炭相似的作用,但也有其不同的特性,可视具体情况选用。在建植特殊用途(如运动场)的草坪时,为了增强草坪的耐强烈践踏能力,在许多情况下是将原有的土表铲去一层,重新铺上配制好的土壤。

（五）基床的排灌系统

基床基础平整好后,就应配置排灌系统。灌溉设施主要用于排除草坪中过多的水分,改善土壤通气性,使草坪草根系向深层扩展,扩大运动场草坪的使用范围;干旱时引水浇灌草坪,防止草坪草萎蔫干枯,早春使土壤升温快。

排水系统有地表排水和地下排水两类。二者的区别在于:地下排水系统是用于排除土壤深层过多的水分,地表排水系统是用于迅速排除坪床表面多余的水分。

（1）地表排水系统。地表排水系统主要是使土壤具有良好的结构性状,通常草坪表面有一定的坡度,如足球场,中间较四边略高,有1%~2%的坡度。围绕建筑物的草坪,从建筑物到草坪的边沿也应有1%的坡度。在低洼的积水处,亦应设置旱井。旱井深1.2~1.5m,直径60~90cm,内装石块,填入粗质沙土,表层覆盖一层土壤,既可使草坪草生长良好,亦能使地表水排进旱井。像足球场那样践踏极强的草坪地,可设置沙槽地面排水系统。沙槽排水不仅可促进水的下渗,还能减轻土壤的紧实度,改良土壤结构,延长草坪寿命。沙槽的设置方法是:挖宽6cm,深25~37.5cm的沟,沟间距60cm,方向与地下排水沟垂直交叉。将细沙或中沙填满沟后,用拖拉机轮或碾磙压实。

（2）地下排水系统。地下排水系统是在地表下挖一些沟,用以排坪床下土壤中过多的水分。最常采用的是排水管式排水系统。排水管一般铺设在坪床表面以下40~90cm处,间距5~20m。在半干旱地带,因地下水可能造成表土盐渍地,排水管可深达2m。排水管也可按"人"字形排列(干管与支管以45°角连接)和网格状铺设,或简单地放置于地表水流汇集处。

常用的排水管有陶管和水泥管,穿孔的塑料管也被广泛应用。在排水管的周围应放置一定厚度的砾石,以防止细土粒堵塞管道孔。在特殊的地点,砾石可一直堆到地表,以利排除低地处的地表径流。

（六）基床的施肥

（1）施基肥。坪床土壤翻耕时施入基肥,方法如前所述。有时高磷、高钾、低氮的复合肥也可作基肥,如每平方米坪床,在建坪前可施含5~10g硫酸铵、30g过磷酸钙、15g硫酸钾的混合肥,若草坪在春季建植,氮素施量可适当增大。氮肥可在最后1次平整坪床时施入,不宜施得过深,以利于草类吸收。

（2）施石灰。在对一定深度的坪床土壤进行改良时,最好是根据土壤测定结果,预先在耕作层上施足石灰粉。

四、草坪草种的选择

我国草坪植物资源丰富,品种类型繁多,加上又从国外引入大量草种,它们的生理生态特性各不相同。草种的选择应依据建坪地的立地条件和建坪的目的进行选择,即应遵循"引种相似论"的理论。最基本的要求是使欲选草种对环境要素的要求,应与建坪地客观条件相近似,欲选草坪特性应与建坪对草坪草功能的要求相符合。

（一）选择适宜的草坪植物学性状

植物学性状主要有种子(或种茎)萌芽特性、出叶速度和叶的质地、色泽、寿命、分枝(分蘖)能力和蔓生程度,草坪高度、密度、刚性、发根量等。各种草坪草的植物学性状不尽相同,这就决定了它们有着不同的作用和功能。

（二）选择符合利用目的的草坪草

不同的草坪草,它们有着不同的生态类型和不同的植物学性状,进而有着不同的栽培条件、作用和功能。不同利用目的的草坪对草坪草有不同的要求。

（三）选择适宜的草坪生态型

草坪生态型指不同的草坪草群体,长期生存在不同的自然生态条件(气候、土壤、生物)和人为培育条件下,并经自然选择和人工选择而分化形成的生态、形态和生理特性不同的基因类群。选择适宜当地气候、土壤条件的草坪草种,是建坪成败的关键。

（四）草种组合

草坪是由一个或多个草种(含品种)组成的草本植物系统,其组分间、组分与环境间存在着密切的相互促进与制约的关系。组分量与质的改变,亦改变草坪的特性及功能。在草坪实践中通常用单一组分的方法来提高草坪外观质量,从而提高草坪的美学价值。而更广泛采用的则是通过增加草坪组分的丰富度,来增加草坪系统对环境的适应性和增加草坪的使用功能。草种的组合依据草坪的草种组成,可分单播、混播和交播三种。

（五）常见草种混播配方

许多研究者和草种公司推荐了许多配方,以下是常见几种：

(1) 90%精选的草地早熟禾(3种或3种以上混合),10%改良的多年生黑麦草,适应于冷凉气候带高尔夫球场的球道、发球台和庭院等。

(2) 80%匍匐剪股颖(Putter),20%匍匐剪股颖(Cobra或Ponneagle),适应于冷凉气候带,形成高质量的发球台、球道等。

(3) 30%半矮生高羊茅,60%高羊茅改良品种,10%草地早熟禾改良品种。

(4) 50%精选的草地早熟禾(3种或3种以上混合),50%改良的多年生黑麦草,适用于冷暖转换地带的庭院,冷凉沿海地区的高尔夫球道、发球台。

(5) 55%精选的草地早熟禾,25%丛生型紫羊茅,10%高羊茅,10%多年生黑麦草,适用于冷凉气候带各类运动场。

(6) 混合高羊茅(3个或3个以上的品种混合),适应于过渡带及亚热带的运动场、庭院,耐热性和耐旱性较好。

(7) 混合多年生黑麦草,用于暖季型草场的冬季补播。多年生黑麦草(30% SR4400、40% SR4010、30% SR4100),可作为冬季补播,及用于冷凉地区高尔夫球道及运动场。

(8) 护坡型配方有：① 50%高羊茅,25%多年生黑麦草,10%白三叶,10%狗牙根,5%结缕草;② 5%羊草,10%糖蜜草,35%小米草,28%地毯草,12%雀稗,10%虎尾草。

值得注意的是,上述混播组合只是某一局部地区的组合例子,在使用时应根据立地条件等因素而调整。目前草坪草新品种较多,必须根据需要选择及组合。

五、草坪栽植

草坪栽植就是用营养器官繁殖草坪的方法,包括铺草皮块、塞植、蔓植和匍匐枝植等。其中除铺草皮块外,其余的几种方法只适用于具强烈匍匐茎和根茎生长的草坪草种。能迅速形成草坪是营养繁殖的优点。铺草皮块能在短时间内形成草坪,人称"瞬时草坪",但建坪的投资较高,因此,常用来建植急用草坪或修补损坏的草坪。依据繁殖材料和设计要求的不同,可采用不同的繁殖方法。

(一)铺植草皮块

1. 铺草皮块的时间

一般认为南方从11月份到翌年3月份均可进行草皮铺植。北方秋季铺植易受寒潮、霜冻的危害,以3~5月铺植为好。草皮铺植前应给床土施入基肥和土壤改良剂,并进行粗平整。

2. 草皮准备

草皮起出后,大块的以9块、小块的以18块捆成1捆,运至现场后应尽早铺植。需放置3~4天时,要避免在太阳下暴晒。在高温条件下,应洒水保湿,以免草皮块失水干枯。

3. 草皮铺植方式

(1)密铺法(满铺法)。密铺法是将草皮卷、草毯或草皮块以1~2cm的间距铺植在整好的场地上。这种方法能在一年的任何时间内,有效地形成"瞬时草坪",但建坪的成本较高。

(2)间铺法。间铺法是用长方形草皮块以间距3~6cm或更大间距铺植在场地内,铺装面积为总面积的1/3。或用草皮块相间排列,铺装面积为总面积的1/2。此法应将铺装处坪床面挖下草皮的厚度,草皮镶入后与坪床面平。生产上常常直接间铺在地面上。这种方法草皮用量较密铺法少1/2~2/3,成本相应降低,但成坪时间相对较长,一般要40~60天。

(3)点铺法(塞植法)。点铺法是将草皮塞(直径5cm,高5cm的草皮柱)或草皮块(长宽各6~12cm)以20~40cm的间距栽入坪床。此法较节约草皮,分布也较均匀,但成坪时间将更长一些,一般要60~80天。

点铺法有时也分为:① 平铺,草皮块之间不留空隙,可形成美丽的大草坪;② 细地铺,草皮块之间留小空隙,铺植的效果较好;③ 间铺,按梅花式留空格铺植,在草坪面积大、铺植时间紧时常使用此法;④ 间条铺,草皮块按条状铺1行空1行铺植,主要用于建坡地保护草被。在草坪的边沿要先沿边缘铺1条草皮块,在拐角处和集水井周围也应铺齐,可切割草块,铺满空白点。草坪全部铺满后可用铁锨拍打草皮,使草皮与坪床密贴,贴得越紧越好,以过筛的细土撒入草坪,用刮板将土刮平,形成薄而均一的一层细土,覆盖在草坪上。盖土后充分浇水,让水进入草皮块间的缝隙中,草皮块铺植工作即告结束。

(二)铺植草坪草营养体

用草坪草营养体建植草坪,可采用速生的草种,将已培育好的草皮取下,撕成小片,以10~15cm的间距种植。在适宜期种植,经1~2个月即可形成密生、美丽的草坪。其操作步骤是:① 整好坪床,床土加入肥料,拌和均匀、把床土整平;② 栽植小草块,把草块撕成丛状小块,撒开匍匐茎,均匀地撒播于床土表面,用铁锨拍打草苗,使草的根茎与床土密接,再将过筛细土均匀地撒盖在草苗上;再次用铁锨拍打或用碌子碾压,最后充足浇水。2周后匍匐茎开始生长伸展,经1个多月即能形成密生的草坪。

(1)蔓植法。用人工割、锄、铲、刨或草皮机械去土收集草茎、根茎、匍匐茎等繁殖材料后,均匀地铺植于间距15～30cm、深5～8cm的小沟内,然后将沟internal土覆平,经管理形成草坪的方法。这种方法常用于具匍匐茎的暖季型草坪草,也适用于匍匐剪股颖。其做法简单,用料也少,一般1m²可铺植4～8m²,60～80天成坪,成本较低,但很费工。

(2)匍匐茎撒播法。繁殖材料的收取如同蔓植法,将收取的材料均一地撒播在湿润(但不是潮湿)的土表,用量为100～150g/m²,然后将预先搜集的坪地表土,均匀地撒施以达到半覆盖状态,或用免耕机(带镇压滚)浅旋5～8cm形成半覆盖状态,再经浇水管理形成草坪。此法适用于匍匐茎发生较强的品种,如狗牙根、地毯草、细叶结缕草、匍匐剪股颖等。一般1m²草坪草可繁殖3～5m²,并在50～70天即可成坪。此法施工方便,成本也低,但播种不太均匀。

(3)茎节撒播法。将搜集的草茎、根茎、匍匐茎用机械切碎成含2～3个茎节,播种方法与匍匐茎类同,但覆土要控制在2～5cm,繁殖系数为1:5～1:10。这种方法在小面积上已获成功,但大面积播植,尤其大量茎节的机械加工有待进一步研究。

(4)草茎分栽法。将不带土的草坪单株或株丛栽入或插入疏松的坪床内。这种方法,植株或草茎成活率较高,但栽植、插植需大量人工,常适用于密丛型的草坪草类。

(5)草茎湿插法。将不带土的草坪草单株或株丛像插秧一样插入泡湿的床土中去,适用于喜湿的密丛型草坪草类。其操作简便,成活率较高,也很费工。

2.4.3 草坪的养护管理

目的要求

使学生了解和掌握草坪养护管理的主要措施及技术。

材料与用具

建植成坪的草坪、草坪养护管理的常用机械(修剪机、疏草机、打孔机等)。

内容与方法

(1)根据草种、草坪类别、草坪建植的基础等,讨论、制订草坪养护管理的技术方案。

(2)参与草坪养护管理的实践。每个学生至少现场体会剪草、灌溉、施肥、病虫害防治等主要措施中的一项技术。

作业

(1)分组讨论制订草坪养护管理的技术方案。

(2)记录草坪的生长状况、管理措施及技术效果,并将记录整理成实验报告。

【知识链接】

一、覆盖

覆盖是用适宜的材料覆盖坪床的作业,目的在于减少表土侵蚀,促进幼苗萌发和提早草坪的返青期。

（一）草坪覆盖的应用范围

具有以下情况者，可考虑选用覆盖。

（1）需稳定土壤和固定种子，以防蚀和地表径流造成的土壤侵蚀时。

（2）缓冲地表温度波动，保护已萌发种子和幼苗免遭温度变化而引起的危害时。

（3）为减少地表水分蒸发，提供一个较小且湿润的小生境时。

（4）减缓水滴的冲击力，减少地表板结，使土壤保持较高的渗透速度时。

（5）晚秋、早春低温播种时。

（6）需草坪提前返青和延迟枯黄时。

（二）覆盖材料

用于草坪覆盖作业的材料很多，应根据场地需要、来源、成本及局部的有效性来确定。

草坪管理中常用的材料有草帘，不含杂草种子、没有病虫害危害的秸秆，用量为 $0.4 \sim 0.5 kg/m^2$；禾本科干草有与秸秆相似的作用，为防除杂草，宜采用早期收获的干草；疏松的木质物，如木质纤维素、木片、刨花、锯屑、切碎的树皮块均为良好的覆盖材料；大田作物中的某些有机残渣，如豆秸、压碎的玉米棒、甘蔗渣、甜菜渣、花生壳等也能成功地用以覆盖，但它们只具减少侵蚀的作用；玻璃纤维、干净的聚乙烯膜、弹性多聚乳胶均能用于覆盖，玻璃纤维丝用特制压缩空气枪施用，能形成持久覆盖，但不利于以后的剪草，因此多用于坡地强制绿化，聚乙烯膜覆盖可产生温室效应，可加速种子萌生与提前草坪的返青，弹性多聚乳胶是可喷雾的物质，它仅能提高和稳定床土的抗侵蚀性。

（三）方法

使用覆盖物的方法依所采用的材料而异。在小场地可人工铺盖秸秆、干草或薄膜。在多风的场地应用木桩和细绳组成十字网固定。在大面积场地则用吹风机完成铺盖，该机先将材料铡碎，然后再均匀地喷撒在坪床面上。木质纤维素和弹性多聚乳胶应先置于水中，使之在喷雾器中形成匀浆后，与种子和肥料配合使用。

二、草坪修剪技术

修剪是指去掉草坪地上一部分生长的枝叶。修剪的目的在于保持草坪整齐、美观及充分发挥草坪的坪用功能，适度修剪可促进草坪匍匐茎和枝条密度的提高，利于日光进入草坪基层，抑制杂草，使草坪草健康生长。草坪草具有低位、壮实、致密的生长点和较快生长特性，这就为草坪的修剪管理提供可能。

（一）修剪原则

草坪修剪的基本原则是 1/3 原则，即每次修剪量不能超过茎叶组织纵向总高度的 1/3，也不能伤害根颈，否则会因地上茎叶生长与地下根系生长不平衡而影响草坪草的正常生长。如果草坪草长得太高，不应 1 次就将草剪到标准高度，否则会使草坪草的根系停止生长，修剪量超过 40%，草坪根系会停止生长 6～12 天。正确的做法是，在频率间隔时间内，增加修剪次数，逐渐修剪到要求高度。如某草坪草规定的标准修剪高度为 2cm，而草实际高度已有 6cm，应剪去 4cm 才能达到要求，正确的做法是经过几次修剪先降低到 3cm，然后经过几周后剪到 2cm。

修剪太低太快被称为"剃头皮或齐根剪"，在一些特殊情况下可采用，如当草地早熟禾草坪春季从休眠状态中返青时，齐根剪可去除死亡组织，使阳光直接照射到新生植株上；齐

根剪对结缕草草坪特别有效,在结缕草从休眠中恢复前剪去50%~75%的组织有助于防止结缕草草坪变得蓬松,维持其生长季节的良好草坪质量。

(二)修剪高度

修剪高度也称留茬高度。修剪高度是修剪后草坪茎叶的高度,理论上等于剪草机设置的剪草高度,由于剪草机行走在草坪茎叶上,实际修剪高度应略高于设定高度,差异的大小取决于草坪草的坚挺、弹性、茎叶大小及剪草机自重和部件形状;当地面松软,有枯草层时,剪草机可能下沉,实际高度会等于或略低于设定高度。可结合测量剪草后的实际高度,在一个坚硬的平面上测量和调整剪草机刀片与地面的高度来调节设定剪草高度。

适宜的剪草高度主要受草种和品种本身的特性、草坪草生长的立地条件及生长季节的气候条件和草坪草自身的状态等因素的影响。每一种草坪草都有它特定的修剪高度范围,在范围内修剪可获得较高的草坪质量。该范围是草坪草能耐受的最高与最低修剪高度。低于耐受范围,草坪变得稀疏、蓬松、柔软而匍匐,质量低下;高于此范围,发生茎叶剥离或剪去过多的绿色茎叶,老茎裸露。低修剪的草坪,草坪草根系浅,但草坪密度高。不合理的修剪还会引起杂草侵入。

植株和叶片方向越直立,耐低修剪能力越差,所以多年生早熟禾最低不应低于1.2cm;匍匐和苇状羊茅等直立型草坪草的修剪高度一般为2.5~7.2cm,剪股颖和狗牙根等匍匐茎型禾草可耐受最低的修剪高度,如在匍匐剪股颖建植的高尔夫球场果岭上,可修剪到0.25cm。草坪草的匍匐茎含有叶绿素,可进行光合作用,进而有效地补偿修剪造成的组织损失。

有些没有匍匐茎的草坪草却能耐受低修剪,如一年生早熟禾修剪到0.25cm仍能产生种子;多年生黑麦草也是直立型禾草,冬季用于南方高尔夫球场果岭区补播时,可修剪到0.43cm。

草坪的使用要求是决定修剪高度的另一重要因素,运动场必须剪到需要的高度才能进行正常活动,但极低的修剪容易导致杂草和病害危害严重。

在逆境胁迫下,应尽可能地提高修剪高度,决不能在高温胁迫下进行低修剪。对暖季型草坪,应该在生长期的早期和后期提高修剪高度,以提高草坪的抗冻能力。多数情况下暖季型草坪草比冷季型草坪草更耐低修剪。冷季型草坪草修剪太低(2.5cm以下),会降低根系活力,草坪失绿变稀。

在荫处的草坪,无论冷季型还是暖季型,修剪高度都应比正常情况下高1.5~2.0cm,使叶面积增大,以利于光合产物的形成。一般进入冬季的草坪修剪高度应高于正常情况,以使草坪冬季绿期加长,春季返青提早。

在病虫害等逆境胁迫时也应适当提高修剪高度,以利于提高草坪抗性。

(三)修剪时间和频率

修剪次数决定于草坪草的生长速度,不应由时间是否最方便或按固定日期来决定,尽可能地按照1/3修剪原则来进行,1/3原则是确定剪草时间和频率的唯一依据。

春秋两季最适合冷季型草坪草生长,每周可剪2次,夏季每2周剪一次。施肥量大,灌溉多的草坪生长迅速,剪草次数比粗放管理的草坪多。假俭草和细羊茅等生长缓慢的草种修剪次数相对较少。草坪修剪的频率和次数如表2-4所示。

第 2 章 园林植物栽培与养护实训（含植保）

表 2-4 草坪修剪的频率及次数

草坪类型	草坪草种类	修剪频率（次/周）			修剪次数（次/年）
		4~6月	7~8月	9~11月	
庭院	细叶结缕草 剪股颖	1 2~3	2~3 3~4	1 2~3	5~6 15~20
公园	细叶结缕草 剪股颖	1 2~3	2~3 3~4	1 2~3	10~15 20~30
竞技场、校园	细叶结缕草 狗牙根	2~3	3~4	2~3	20~30
高尔夫球场	细叶结缕草 剪股颖	10~12 16~20	16~20 12	12 16~20	70~90 100~150

（四）修剪机械的选择

目前有几十种不同类型的草坪修剪机械，与原始类型的机械相比，现代的草坪修剪机械具有更先进、更有效、更方便操作的特点。剪草机主要有滚刀式和旋刀式两大类：滚刀式剪草机比旋刀式剪草机的修剪性能好，修剪干净、整齐，是高质量草坪通用的机型，但价格较高；旋刀式剪草机以高速水平旋转的刀片把草割下，剪草性能常不能满足高养护水平的草坪要求。选择修剪机要根据草坪面积、草坪要求修剪质量、草坪草种及剪草机修剪的幅宽等具体确定。小面积草坪可选用幅宽 46~53cm 的剪草机，大型运动场等草坪可选用旋刀式或滚刀式剪草机组，幅宽可在 6m 以上，以提高工效。

（五）修剪方向

修剪方向的不同，草坪茎叶的取向和反光也不同，会产生像许多体育场草坪见到的明暗相间的条带，由小型剪草机修剪的果岭也有同样的图案。按直角方向两次修剪可获得像国际象棋盘一样的图案，增加美学效果。一般庭院用小型滚刀式剪草机，也可在几天内保持这种图案。

每次剪草总向一个方向，易使草向剪草方向倾斜生长，形成谷穗状纹理，这在高尔夫球场上会影响击球质量，剪草机前面的梳子能起到扶起茎叶的作用。改变剪草方向可避免在同一高度连续齐根剪割，也可防止剪草机轮子在同一地方反复走过，压实土壤成沟。修剪时应尽可能地改变修剪方向，最好每次修剪时都采用与上次不同的样式，以防草坪土壤板结，减少草坪践踏。

（六）草屑的处理

剪草机剪下的草坪草组织总体称草屑。草屑处理的一般原则是：每次修剪后，将草屑及时移出草坪，但若天气干热，也可将草屑留放在草坪表面，以减少土壤水分蒸发。碎草之中含有氮3%~5%、磷1%和钾1%~3%，利用特殊的旋刀式剪草机（称为覆盖式剪草机），可将修剪物切成很细小的段，加快碎草分解，但要注意补充氮肥，调节碳与氮的比例，一般碳氮比为 25:1 利于草屑的分解。但在高温多雨潮湿季节，草屑霉烂，易使草坪草病害加剧。

高尔夫球场、足球场等运动场草坪，由于运动的需要，必须清除草屑。可将草叶收集在附带在剪草机上的收集器或袋内,集中处理。

（七）化学药剂修剪

化学修剪是使用化学药剂来延缓草坪草的生长,达到修剪目的的措施。由于剪草机械成本高、草坪面积大、地形障碍等原因,草坪得不到及时修剪,可以应用草坪生长调节剂(或称抑制剂)来控制草坪草生长,减少修剪费用。

目前植物生长调节剂已用于低养护的草坪,如路边、难以修剪的坡地等,生长调节剂常常可延缓草坪草生长5~10周,可减少修剪次数的50%,但某些阔叶杂草对调节剂反应不明显,因此,在给草坪草施用调节剂时,还应注意除草剂种类、使用时期和方法的选择。

草坪生长调节剂使用的基本原则是：不要在草坪苗期使用;在草坪生长旺盛的季节使用,冷季型草坪草在春秋两季,暖季型草在夏季,以达到最好效果;不连续施用以防草坪退化;施用前修剪草坪,以保证草坪外观质量。为弥补一种药品的不足,可考虑适宜的药品混用,兼可控制杂草。生长调节剂的适用范围和使用方法见表2-5。

表2-5 几种调节剂的适用范围和使用方法

草坪生长调节剂	施用方法	适用草种
调嘧醇	喷施或土施	
矮壮素(CCC)	喷施	广泛
氟草磺(Embark)	喷施	狗牙根、草地早熟禾、苇状羊茅、钝叶草
乙烯利	喷施	狗牙根、草地早熟禾
青鲜素(MH)	喷施或土施	
丁酰肼(B9)	喷施	
多效唑(PP333)	土施	
2,4-D丁酯	喷施	狗牙根

（八）修剪作业注意事项

（1）修剪前的准备。准备工作主要有：① 安装好刀片;② 选择恰当的剪草时间;③ 清理草坪表面;④ 梳理草坪;⑤ 确定修剪起点和修剪方向;⑥ 了解剪草机的性能,掌握剪草机的操作方法;⑦ 在秋季和冬季有大风时切勿剪草。

（2）适宜的剪草作业时节。包括：① 当草坪面出现明显"纹理"现象时;② 选定了合适的剪草机械时;③ 使用电动剪草机,确保电缆线远离剪草机,人畜离开时;④ 剪草机手所穿的衣服符合安全作业要求时;⑤ 禁止小孩操作剪草机的规定落实时;⑥ 集草箱被清理,草屑能安全吸入时;⑦ 接触电动剪草机装置前,确保电源已经切断时。

三、草坪浇水

水是植物生长的基本要素之一,没有水,草不能生长,没有灌溉,就不可能获得优质草坪。当草坪草失去光泽,叶尖卷曲时,表示草坪水分不足,此时,若不及时浇水,草坪草将变黄,在极端的情况下还会因缺水而死亡。

（一）浇水时间

草坪何时需浇水,这在草坪管理中是一个复杂但又必须解决的问题,可用多种方法

确定:

(1) 植株观察法。当草坪草缺水时,首先是出现膨压改变征兆,草坪草表现出不同程度的萎蔫,进而失去光泽,变成青绿色或灰绿色,此时需浇水。

(2) 土壤含水量检测法。用小刀或土壤钻分层取土,当土壤干至10～15cm时,草坪就需要浇水。干旱的土壤呈浅白色,而大多数土壤正常含水时呈暗黑色。

(3) 仪器测定法。草坪土壤的水分状况可用张力计测定,亦可用电阻电极来测定土壤含水量以确定浇水时间。

(4) 蒸发皿法。在阳光充足的地区,可安置水分蒸发皿来粗略判断土壤蒸发散失的水量。除大风区外,蒸发皿的失水量大体等于草坪因蒸散而失去的耗水量。典型草坪草的需水范围为蒸发皿蒸发量的50%～80%。在主要生长季节,暖地型草坪草的蒸发系数为55%～65%,冷地型草坪草为65%～80%。

草坪第一次浇水时,应首先检查地表状况,如果地表坚硬或被枯枝落叶所覆盖,最好先行打孔、划破、垂直修剪后再行浇水。

(二) 浇水次数

依据床土类型和天气状况确定浇水次数。通常,沙壤保水性差,黏土保水性好,热干旱比冷干旱的天气需要更多的水分。草坪浇水频率并无严格的规定,一般认为:在生长季内,在普通干旱情况下,每周浇水1次;在特别干旱或床土保水性差时,则每周需浇水2次或2次以上;在凉爽的天气则可减至每10天浇水1次。草坪浇水一般应遵循允许草坪干至一定程度再浇水的法则,这样可带入空气,并刺激根向床土深层扩展。那种每天喷灌1～2次的做法是不明智的,其结果将导致苔藓、杂草的蔓延和草坪浅根体系的形成。

对壤土和黏壤土,灌溉的一条基本原则是"见干则浇,一次浇透",即每次灌溉时应使土壤湿润到根系层(10～15cm),再次浇水时等土壤干燥到根系层深度,草坪草受到中等程度的干旱逆境,首先表现为萎蔫,接着叶片卷曲并且气孔关闭,这时是再次浇水的最佳时机。这种逆境的长期影响使草坪植物表皮加厚和促进根系向深处分布。应绝对避免每天浇水(高尔夫球场的果岭区除外),因为一方面要求有极高的草坪质量;另一方面由于低修剪造成了极浅的根系,抗旱力极差,这样经常湿润的土壤使草坪草的根系分布在很浅的土表,这样的草坪对各种不良环境缺乏抵抗力。

在沙土上间断深浇水造成浪费,因为水分会很快渗透到根系不能到达的土壤深处。渗透性不好的黏土也不适用这种方法,会引起地表积水,在这两种情况下,小水量多次灌溉更适合。有些草坪病害受浇水频率的影响,在有些情况下间断深灌会加重夏季斑枯病。

(三) 浇水量的确定

为了保证草坪的需水要求,床土计划湿润层中含水量应维持在一个适宜的范围内,通常把床土田间饱和持水量作为这个适宜范围的上限,它的下限应大于凋萎系数,一般约为田间饱和持水量的60%。

床土计划湿润层深度根据草坪草根系深度而定。一般草坪床土计划湿润层深度以20～40cm为宜。当床土计划湿润层的土壤实际的田间持水量下降到田间饱和水量的60%时,就应进行浇水。草坪每次的浇水量可根据下式求得:

$$M = rH(\beta_{\max} - \beta_{\min})$$

式中：M 为浇水定额(t/m^2)；r 为土壤容重(t/m^3)；H 为划湿润层深度(m)；β_{max} 为计划湿润层内适宜土壤含水量上限,一般等于田间饱和持水量(%)；β_{min} 为计划湿润层内适宜土壤含水量下限,一般为田间饱和持水量的60%(占干土重的%)。

在一般条件下,草坪草在生长季内的干旱期,为保持草坪鲜绿,大概每周需补充3～4cm水。在炎热和严重干旱的条件下,旺盛生长的草坪每周约需补充6cm或更多的水分。

（四）浇水方法与机具

草坪浇水主要以地面灌溉和喷灌为主。地面灌溉常采用大水漫灌和胶管洒灌等多种方式。这种方法常因地形的限制而产生漏水、跑水和不均匀浇水等多项弊病,对水的浪费较大。在草坪管理中,最常采用的是喷灌。喷灌不受地形限制,还具浇水均匀、节省水源、便于管理、减少土壤板结、增加空气湿度等优点,是草坪灌溉的理想方式。适于草坪的喷灌系统有移动式、固定式和半固定式三种类型。

（1）移动式喷灌系统：有卷盘式喷灌机和轻型移动式喷灌机。

卷盘式喷灌机,适用于高尔夫球场、足球场等大面积草坪。该机由绞盘和喷头车组成,其间采用高强度、耐磨的半硬PE管相连,起输水和牵引的双重作用。浇水时,用拖拉机将该机拖至供水点,将绞盘车的进水口用软管与带压的给水栓相连,将喷头车拖至喷水点,开始喷水作业。盘车装有驱动装置,慢慢驱动绞盘,由PE管将喷头车逐渐收回,喷头车在回移过程中完成喷水作业。

轻型移动式喷灌机,适用于零星小块和地形复杂的草坪。该机有手抬式和手推车式两种,一般配套1.492～8.952kW柴油机(3～10kW电动机),采用自吸离心泵,流量为10～50m^3/h,配有0.063 5～0.076 2m软塑料管,可带动1～2个喷头。一般单机可控制3.33～20hm^2草坪。

（2）固定式喷灌系统：适用于大面积和高级草坪。该系统由水泵、动力机、管道和喷头组成。输水管埋入地下,喷头分地埋式和地表式两种。固定式喷灌系统喷头组合有正方形、矩形和三角形等布置形式,喷头按工作压力分低压(射程5～14m)、中压(射程14～40m)和高压(射程大于40m)三种。按喷头结构与水流形状可分为固定式、孔管式和旋转式三种。固定式喷头有折射式、缝隙式、离心式多种。

（3）半固定式喷灌系统：该系统与固定系统的区别在于喷头和支管可以移动。通常在主管上装有给水栓,支管和喷头可在不同给水栓上轮换使用,支管通常为薄壁铝合金管或高压软管。系统投资较小,但操作时劳动强度较固定式大。

（五）浇水技术要点

（1）对初建草坪,苗期最理想的浇水方式是微喷灌。出苗前每天浇水1～2次,土壤计划湿润层为5～10cm。随苗出、苗壮逐渐减少浇水次数和增加浇水定额。低温季节,尽量避免白天浇水。

（2）草坪成坪后至越冬前的生长期内,土壤计划湿润层按20～40cm计,土壤含水量不应低于饱和田间持水量的60%。

（3）为减少病虫危害,在高温季节应尽量减少浇水次数,以下午浇水为佳。

（4）浇水应与施肥作业相配合。

（5）在冬季寒冷的地区,入冬前须灌好封冻水。封冻水应在地表刚刚出现冻结时进行,浇水量要大，以充分湿润40～50cm的土层为宜，以漫灌为宜，但要防止"冰盖"的发生。翌春土地开始融化之前，草坪开始萌动时灌返青水。

（6）一天中清晨是浇水的最佳时间。中午和夜间浇水，常导致病害加重。

（7）草坪的使用是影响浇水时间的又一重要因素。高尔夫球场管理者常说"不论何时，只要方便，就是一天中浇水的最好时间"。高尔夫球场在白天通常要进行比赛，所以多采用夜间浇水，但要定期喷洒杀菌剂，所以夜间浇水引起的病害并不严重。

（8）喷灌强度。喷灌强度是指单位时间喷洒在草坪上的水深或喷洒在单位面积上的水量。对喷灌强度的要求是水落下后能立即渗入土壤而不出现地面径流和积水，即要求喷头组合的喷灌强度必须小于等于土壤的入渗速率。不同质地的土壤允许的喷灌强度（ρ允许）是不同的，如表2-6所示。

表2-6　各类土壤的允许喷灌强度（mm/h）

土壤类型	沙土	壤沙土	沙壤土	壤土	黏土
允许喷灌强度	20	15	12	10	8

喷灌系统的组合喷灌强度（ρ组合）一般要大于单喷头喷灌强度，其计算方法如下：

$$\rho_{组合} = q/A \leq \rho$$

式中 q 为单喷头的流量；A 为单喷头的有效湿润面积，由设计情况而定，但一定小于或等于以喷头射程为半径的圆面积。

（9）喷灌均匀度。影响草坪的生长质量，它是衡量喷灌质量的主要指标之一。喷头射程能够达到的地方，草长得整齐美观，而经常浇不到水或浇水少的地方会呈现出黄褐色，影响草坪的整体外观。与喷头距离不同的草坪长势有所差别，这是因为即使水量分布良好的喷头，水量分布规律也是近处多，远处少。依照这一规律进行喷点的合理布置设计，通过有效的组合重叠可保证较高的均匀度，防止喷水不匀或漏喷。

影响均匀度的因素除设计方面外，还有喷头本身旋转的均匀性、工作压力的稳定性、地面的坡度、风速和风向等。由于风是无法人为控制的，一般大于3级风时应停止喷灌，最好在无风的清晨或夜间浇水。另外在设计时，支管走向应与主风向垂直，或用加密喷头来抗风。

（10）雾化度。是指喷射水舌在空中雾化粉碎的程度。由于草坪是比较粗放的植物，雾化程度要求低，雾化指标（工作水头与喷嘴直径的比值）介于2 000～3 000均可。但在草坪苗期，喷洒水滴不宜过大。

（六）节水管理措施

频繁、浅层的浇水方式必然导致草坪草根系的浅层分布，从而减弱草坪对干旱和贫瘠的适应性。下列措施有助于节约用水：

（1）秋季，及时耙松紧实的草坪，草坪耙松后，适当进行表层覆盖。在旱季，可适当提高草坪修剪的留茬高度2～3cm。较高的留茬虽然增加了叶面积而使蒸腾作用有所增加，但较大叶量的遮阴作用，使土壤蒸发作用大大降低。

（2）减少修剪次数，减少因修剪伤口而造成的水分损失。

（3）在干旱季节应少施肥。高比率的氮促进草坪草的营养生长，加大对水分的消耗量，施用磷、钾肥则能增加草坪草的耐旱性。

(4) 及时进行垂直修剪,以破除过厚的枯枝层,改善床土的透水性和促进根系的深层生长。

(5) 对过紧实的床土,及时进行穿孔、打孔等通透作业,提高床土的渗水贮水能力。

(6) 少用除莠剂,避免对草坪草根系的伤害。

(7) 新坪建植时,选择耐旱的草种及品种。

(8) 床土制备时应增施有机质和土壤改良剂,提高床土的持水能力。

(9) 浇水前注意天气预报,避免在降雨前浇水。

四、草坪施肥

施肥是草坪管理的一项重要措施,合理施肥可为草坪植物提供所需的营养,维持草坪正常的颜色、密度和活力,不易受病、虫、杂草的危害;不合理的施肥,草坪不仅缺乏良好的外观,而且易受外界环境胁迫影响,如抗旱、抗病性降低。一般情况下,在一年中,要获得生长良好的草坪,了解草坪所必需的营养元素,掌握正确的施肥时间和施肥量,科学地进行施肥是非常重要的。

(一) 草坪草的营养需求

草坪正常生长所必需的营养元素有16种,除碳(C)、氢(H)、氧(O)主要来自空气和水外,其余的包括氮(N)、磷(P)、钾(K)、钙(Ca)、镁(Mg)、硫(S)(以上称大量元素)以及铁(Fe)、锰(Mn)、硼(B)、锌(Zn)、铜(Cu)、钼(Mo)、氯(Cl)(以上称微量元素),都主要依靠土壤来供给。草坪植物体内必需营养元素含量范围和有效态见表2-7。

表2-7 常见草坪植物体内必需营养元素的含量及有效态

营养元素	正常含量(g/kg 干物质)	有效态
N	20.0~60.0	NH_4^+、NO_3^-
P	2.0~5.0	HPO_4^{2-}、$H_2PO_4^-$;
K	10.0~25.0	K^+
Ca	5.0~12.5	Ca^{2+}
Mg	2.0~6.0	Mg^{2+}
S	2.0~4.5	SO_4^{2-}
Fe	0.035~0.10	Fe^{2+}、Fe^{3+}
B	0.010~0.060	$H_2BO_3^-$
Cu	0.005~0.020	Cu^{2+}
Zn	0.022~0.055	Zn^{2+}
Mn	0.16~0.40	Mn^{2+}
Mo	0.001~0.008	MoO_4^{2-}

草坪植物在整个生育过程中只有满足所必需的各种营养物质,才能健壮地生长发育。在生育过程中的任何时期,植物缺乏某种营养元素,其正常生长就会受到抑制,严重时导致

死亡,因此要根据不同土壤及其养分含量和不同草种(或品种)的不同生育期,实行平衡施肥,有效地保证草坪草生长所需。

(二)营养元素的作用

植物体内的N、P、K等元素的含量较多,通常称大量元素;Fe、Cu、Mn、B等元素的含量很低,但也是植物生长发育所必需的,称微量元素。营养元素缺乏与过量均会引起草坪生长不良,外观上表现出一定的症状,这些症状是判断草坪草是否需要施肥的依据之一。

大量元素与微量元素皆为植物正常生长发育所必需,虽然有些元素对植物生长所起作用相似,但不能相互代替,缺乏时都呈现出特有的病症。在这些元素中,N、P、K、Mg、Zn为可再利用的元素,植株缺乏时老叶先表现病症;而Ca、S、Fe、Cu、Mn、B为不易再利用元素,缺乏时幼叶先出现病症。

(三)草坪肥料种类

用于草坪肥料种类很多,按肥料的种类和性质可分有机肥料和无机肥料。无机肥料(即化学肥料)的种类很多,按所含营养成分,可分为氮肥、磷肥、钾肥、复合肥料及微量元素肥料,复合肥料含有一定比例的氮、磷、钾中的两种或三种,含有氮、磷、钾的复合肥又称完全肥料。使用优质高效的草坪专用复合肥,特别是缓释肥料,是当前国际草坪管理的发展趋势。肥料包装上通常用以短线相连的三个整数表示肥料的等级,$N-P-K=20-5-10$表示含N 20%,P_2O_5 5%,K_2O 10%。

1. 无机肥料

常见的无机肥料有N、P、K、Ca等(表2-8),一般可分为水溶和缓释(溶)两大类:水溶性氮肥在土壤水分充足的情况下能被草坪植物的根系吸收,受温度影响较小,高溶解度的氮肥有利也有弊,草坪植物在短期内吸收大量氮肥,但肥效往往是短期的,氮肥常淋溶到根系下层而浪费掉,而且存在烧苗的潜在危险。缓溶或缓释氮肥有甲醛尿素(UF)、二尿甲醛(IBDU)和复硫尿素(SCU)等。这类肥料可缓慢均匀释放氮素供草坪植物吸收利用,具有较长的肥效,氮素利用率较高,虽然它们的价格较高,但施肥次数减少,可降低管理总成本,并可使草坪质量获得持久的改善。缓释(溶)肥料和速效肥料各有利弊,理想的草坪肥料应同时含有一定比例的两种成分,以保证迅速而又长期的肥效。草坪常用的化学肥料如表2-8所示。

表2-8 草坪常用化学肥料

种类	名称	分子式	含量/%	特点
氮肥 N	尿素	$CO(NH_2)_2$	44~46	中性、水溶、稍有吸湿性
	硝酸铵	NH_4NO_3	33~35	弱酸性、水溶、吸湿性强
	硫酸铵	$(NH_4)_2SO_4$	20~21	弱酸性、水溶、吸湿性弱
	甲醛尿素(UF)	$[CO(NH_2)_2CH_2]_nCO(NH_2)_2$	38	冷水缓溶
	二尿甲醛(IBDU)	$[CO(NH_2)_2]_2(C_4H_8)$	31	冷水缓溶
	复硫尿素(SCU)	$CO(NH_2)_2+S$	32	缓释
	碳酸氢铵	NH_4HCO_3	17	弱碱性、水溶、易潮结挥发

续表

种类	名称	分子式	含量/%	特点
磷肥 P_2O_5	磷酸一铵	$(NH_4)H_2P_2O_5$	48	含 N12%~18%,中性,水溶
	磷酸二铵	$(NH_4)_2H_2P_2O_5$	50	酸性
	重过磷酸钙	$Ca_n(H_nPO_4)_2·H_2O$	45	弱酸性,水溶,吸湿性强,易结块
钾肥 K_2O	氯化钾	KCl	60	含氯及其他盐分
	硫酸钾	K_2SO_4	48	用于不宜施 KCl 的地方
	硝酸钾	KNO_3	46	含 N13%,中性,水溶
镁肥 Mg	硫镁矾	$MgSO_4·7H_2O$	16	溶解酸性土壤
	磷镁矿	$MgCO_3$	27	宜用于酸性土壤
	硫酸钾镁	$K_2SO_4·MgSO_4$	6.5	宜用于酸性土壤
	镁质石灰岩	$CaCO_3·MgCO_3$	3~12	宜用于酸性土壤
钙肥 Ca	生石灰	CaO		中和土壤酸性,易灼伤
	熟石灰	$Ca(OH)_2$		中和土壤酸性,消除铝离子毒害
	石膏	$CaSO_4·2H_2O$		改良碱土
铁肥 Fe	硫酸亚铁	$FeSO_4·7H_2O$	19~20	易溶于水
	螯合铁	$FeEDTA$	5~14	易溶于水
硫肥 S	硫酸钾	K_2SO_4	16	
	硫酸锌	$ZnSO_4$	18.5	
	硫酸镁	$MgSO_4$	17.8	
	硫酸铵	$(NH_4)_2SO_4$	13 24	

2. 复(混)合肥料

复合肥料是含有多种营养元素的肥料。复合肥料的优点在于经济节约,可因地制宜依据当地土壤和草坪植物特点配方,使之能更好地满足植物的营养需求并充分利用土壤肥力;要做到科学施肥,以避免草坪生产者因不了解肥料、草坪植物和土壤特点而出现的盲目施肥和肥料浪费。

不同草坪植物对不同养分的需要比例不同,同一草坪植物在不同地区可能也有变化,最好根据当地多年积累的资料,特别是营养分析的结果,得出草坪植物的营养需求和比例。复合肥料配方的依据是草坪植物需求的养分比例和土壤养分供应状况。

有资料表明:土壤有效磷含量在 5mg/kg 以上时,禾本科草坪可减少磷肥用量,在 20mg/kg 以上时,南方的禾本科草坪复合肥料也可考虑不施磷肥;土壤交换性钾如超过 150mg/kg,对一般草坪植物(不包括需钾多的植物)的复合肥料中可以不含钾肥。如当地多年肥料试验结果都表明某一养分对某草坪植物或所有草坪植物无明显效果,则对某类草坪植物的复合肥料中可以不含该成分,或在当地混合肥料中不应含有这种成分。另外,制定配方时如已考虑到有时需用单一氮肥作追肥,则可只考虑采用作基肥时的较低的氮肥比例。

3. 有机肥料

有机肥料含有大量的有机物质和营养元素,养分完全,肥效长,有保肥和缓冲作用,可减少由于施无机肥料引起的酸碱变化,同时有机肥料又是一种良好的改良剂,可以改良土壤过黏或过沙的质地,调节土壤水气状况,提高土温,改善土壤特性。但是有机肥料含氮量低,一次施用量要比无机化学肥料大,体积大,施肥时比其他类肥料难施,而且有的有机肥料具有难闻的气味。草坪中应用的有机肥料如表2-9所示。

表2-9 草坪中应用的有机肥料

名称	特点说明
猪粪	含有机质15%,N 0.5%~0.6%,P_2O_5 0.45%~0.6%,K_2O 0.35%~0.5%
鸡粪	含有机质25.5%,N 1.3%,P_2O_5 1.54%,K_2O 0.85%
鸭粪	含有机质26.2%,N 1.1%,P_2O_5 1.4%,K_2O 0.62%
干血粉	含N 12%,价格高,效果好
鱼肥	含N 8%~10%,P_2O_5 4%~9%,鱼业副产品
海鸟粪	含N 10%~14%,P_2O_5 9%~11%,K_2O 1.8%~3.6%
蹄角	含N 12%~14% 畜产品加工副产品
生骨粉	含N 3.7%,P_2O_5 22%,中性
熟制骨粉	含N 1.8%,P_2O_5 29%
豆饼	含N 7.0%,P_2O_5 1.3%,K_2O 2.1%
花生饼	含N 6.3%,P_2O_5 1.2%,K_2O 0.3%
向日葵饼	含N 5.2%,P_2O_5 1.7%,K_2O 1.4%
棉籽饼	含N 3.4%,P_2O_5 1.6%,K_2O 1.0%
人造有机肥料	常用于管理水平较高的草坪
草坪修剪下的草屑	含N 3%~5%,P_2O_5 1%,K_2O 1%~3%
泥炭、草炭	用于坪床的改良
"三废"类生活垃圾	通过处理可形成具有丰富营养成分的垃圾有机肥料,一般作草坪基肥

(四)施肥计划

肥料施用的次数、种类和用量与人们对草坪的质量要求、天气状况、生长期长短、土壤的基本状况、浇水水平、修剪下草屑的去留、草坪草种类等因素有关。

草坪施肥首先要制订一个施肥计划,即在这一个生长季节中准备施用的肥料总量,首先是氮肥的用量,接着是氮、磷、钾比例的确定,确定后即可计算出对应的磷钾肥的施用量,施肥计划的第二步是确定施肥的时间和每次使用的肥料种类和数量。

1. 草坪施肥量确定依据

第一,草坪草本身的需肥特性,不同草种和同种草坪草的不同品种的需肥量不同,冷季型草坪草中的匍匐剪股颖需肥量最大,而暖季型的狗牙根最喜肥。

第二,草坪生长土壤的肥力状况,即所谓的测土按需施肥,依据土壤的养分状况确定用肥的数量和比例。

第三,养护管理水平,即对草坪质量的期望,高养护水平的草坪一般用肥量较大,施肥次数较多,如低养护水平的草坪每年仅施用纯氮 $0.5kg/100m^2$,而高养护水平的草坪的氮素施用量可高达 $5\sim7.5kg/100m^2$。值得注意的是,如使用非缓释(溶)肥料,每次草坪施肥的纯氮素用量不应大于 $0.4\sim0.5kg/100m^2$,一次施用氮肥过多,不仅会造成肥料的浪费,还会引起草坪植物徒长并降低草坪对不良环境胁迫的抗性。

2. 肥料施用计划

在一年中草坪有春季、夏季和秋季三个施肥期,冷地型草坪草和暖季型草坪草有些差别。

(1) 冷季型草坪的施肥计划。冷地型草坪草在早春和雨季要求高的营养水平,最重要的施肥时间是晚夏和深秋,高质量草坪最好在春季进行 1~2 次施肥。具体实施需要管理者依据当地实际情况和综合考虑其他影响因素来决定,而且每一次施肥的具体开始时间要依据当地的气候条件而确定,其中春季两次施肥及 8 月和 9 月两次施肥的间隔时间都应是 30~40 天。深秋施肥的时间决定于当地的气温和土温变化,一般开始于日均温 10℃~15℃时,如北京市一般年份是 10 月下旬至 11 月份。一般温带地区冷季型草坪一年氮肥的总用量应是 $1.47\sim2.44kg/100m^2$ 的范围。施肥 N 量过高,草坪草徒长。北方春季施肥量为 $3\sim4g/m^2$,N∶P∶K 约为 10∶8∶6。

(2) 暖季型草坪的施肥计划。暖地型草坪草在夏季需肥量较高,最重要的施肥时间是春末,第二次施肥宜安排在夏天,初春和晚夏施肥亦有必要。此外,还可根据草坪的外观特征如叶色和生长速度等来确定施肥的时间,当草坪颜色明显退绿和枝条变得稀疏时应进行施肥。在生长季当草坪草颜色暗淡、发黄老叶枯死则需补氮肥;叶片发红或暗绿色则应补磷肥;草坪草株体节部缩短,叶脉发黄,老叶枯死则应补钾肥。每年草坪应施两次肥,N∶P∶K =10∶6∶4(其中氮总量的 1/2 应为缓效 N),一次施肥量为 $7\sim10g/m^2$。我国南方秋季施肥量为 $4\sim5g/m^2$。

由于生长规律不同,暖季型草坪草不能借鉴冷季型草坪草的氮肥施用计划,只能依据环境和土壤条件作出具体决定,暖季型草坪草一般建议氮肥用量是 $0.488kg/100m^2$。

(五) 施肥原则

(1) 按需施肥,即按不同草坪草种、生长状况及土壤养分状况确定具体施肥种类和数量,避免盲目施肥。

(2) 平衡施肥,除非土壤中某种养分特别丰富,不单独施用某一或两种营养元素,这是为满足植物生长中总是需要一定比例的各种营养元素的需要,即使土壤中的某一营养元素比较丰富,也常会出现由于施用其他元素而造成该元素暂时不足的现象。

(3) 冷季型草坪轻施春肥,巧施夏肥,重施秋肥。

(4) 速效氮肥少量多次,提高肥料利用效率并避免短期内施肥过量。

（六）施肥技术要点

（1）在草坪施肥措施中，最主要的是施氮肥。为了确保草坪养分平衡，不论是冷地型草，还是暖地型草，在生长季内至少要施1~2次复合肥。冷地型草最佳的施肥时期在春、秋两季，暖地型草以早春为宜。

（2）肥料最好采用肥效释放较慢的种类，这种肥料对草坪草的刺激既长久又均一。天然的有机质或复合肥料，其纯氮含量低于50%，不应视为缓效肥，无机速效肥的施肥一次不应超过5g/m²纯氮。

（3）冷地型草坪草要避免在盛夏施肥；暖地型草坪草在温暖的春、夏生长发育旺盛，需及时供肥。

（4）大多数草坪床土酸碱度应保持在pH值为6.5左右（地毯草和假俭草草坪床土的pH值为5）。床土的pH值应每隔3~5年测定一次，当低于正常值时则需在春、秋末或冬季施石灰进行调整。

（七）施肥方法

不论采用何种施肥方式，肥料的均匀分布是施肥作业的基本要求。手工撒播是广泛的使用方法，通常应将肥料分为二等分，横向撒一半，纵向撒一半，在量小时还可用沙拌肥，力求肥料在草坪内均匀分布。液肥应注意用水稀释到安全浓度，采用喷施的方法。大面积草坪的施肥，可用专用撒肥机进行。

五、表施细土、碾压、通气、拖平

（一）表施细土

草坪表施细土是将沙、土壤和有机质适当混合，均一施入草坪床土表面的作业。该作业的目的是填平坪床表面的小洼坑、建造理想的土壤层、补充养分、防止草坪的徒长和利于草坪的更新。正常的草坪不进行表施细土作业，但在下述情况下应施行表施细土作业。① 在非常贫瘠的土壤上建坪时，表施筛去石头、杂质的沃土是很重要的。一次施用厚度应少于0.5cm。表施细土后，应用金属刷将地拉平，以使细土落到草皮上。每隔几周重复上述作业，将逐渐产生一块较平坦的草坪。② 当草坪表面由于不规则定植，使新生草坪极不均匀时，一次或多次表施细土可填补新生草皮的下陷部分。③ 在由能产生大量匍匐茎的禾草组成的草坪上，定期表施细土有利于消除严重的表面絮结。对于絮结严重的地段，可先进行高密度划破作业，然后再表施细土。

1. 表施细土的时间和数量

表施细土在草坪草的萌芽期及生长期进行最好。通常暖地型草在4~7月和9月进行，冷地型草在3~6月和10~11月进行。表施细土的次数因草坪利用目的和草坪草的生育特点而异。如庭院、公园等一般草坪可加大一次的施用量而减少施用次数；运动场草坪则要一次少施，施用多次。一般草坪1年1次，运动场草坪1年需2~3次或更多。

2. 表施细土材料

表施细土材料应具备如下特性：① 与床土无大差异；② 肥料成分含量较低；③ 是具有沙、有机物、沃土和土壤材料的混合物。表施细土的沃土：沙：有机质 =1:1:1 或 2:1:1。其中沃土常采用经腐熟过筛后（$\varphi=0.6cm$）的土壤；沙应采用不含碱、粒径不大、质地均一的河沙或山沙，有机质应采用腐熟的有机肥料或优质泥炭；④ 混合土含水分较少；⑤ 不含有杂草种子、病菌、害虫等。

3. 技术要点

技术要点主要有：① 施土前必须先行剪草；② 土壤材料应干燥并过筛；③ 施肥应在施土前进行；④ 一次施土厚度不宜超过0.5cm,最好是用复合肥料撒播机进行；⑤ 施后必须用金属刷拖平。

(二) 碾压

为了求得一个平整紧实的坪面和使叶丛紧密而平整地生长,草坪需适时进行碾压。

(1) 需进行碾压作业的时节：① 草皮铺植后；② 幼坪第一次修剪后；③ 成坪春季解冻后；④ 生长季需叶丛紧密平整时。

(2) 方法：碾压时手推轮重一般为60~200kg,机动碌轮为80~500kg。碾压时碌轮的重量依碾压的次数和目的而异,如为修整床面宜减少压重(200kg)；由播种产生的幼苗则宜轻压(50~60kg)。

(3) 碾压时期：如出于栽培要求,则宜在春夏草坪草生育期进行；若出于利用要求,则适宜在建坪后不久、降霜期、早春开始剪草时进行。

(4) 注意事项：① 土壤黏重、土壤水分过多时不宜碾压；② 草坪较弱时不宜碾压。

(三) 通气

通气是指对草皮进行穿洞划破等技术处理,以利土壤呼吸和水分、养分渗入床土中的作业,是改良草皮的物理性状和其他特性,加快草皮有机质层分解,促进草坪地上部生长发育的一种培育措施。

1. 打孔(穿刺)

用实心的锥体插入草皮,深度不少于6cm,其作用是促进床土的气体交换,促使水分、养分进入床土深层。打孔只在草皮明显致密、絮结的地段进行。例如,① 降雨后有积水处；② 在干旱时,草不正常地迅速变灰暗处；③ 苔藓蔓生处；④ 因重压而出现秃斑处；⑤ 杂草繁茂处。

打孔进行的最佳时间是秋季,通常9月土地水分状况较好,先打孔,后轻压,这种处理有利于排水,同时在来年夏季干旱时节,可增强新形成根系的抗旱能力。

2. 除土芯(土芯耕作)

除土芯是用专用机具从草坪土地中打孔并挖出土芯(草塞)的作业。

(1) 机具。除土芯机械(打孔机)很多,主要有旋转式和垂直式两种。垂直运动打孔机具有空心的尖齿,作业时对草坪表面造成的破坏小,且打孔的深度可达8cm,并同时具有向前和垂直两种动作。其工作速度较慢,约为10m^2/min。旋转打孔机具有开放泥铲式空心尖齿,其优点是工作速度快,对草坪表面的破坏小,但深度较浅。

这两类打孔机根据尖齿的大小,挖出的土芯直径在6~18mm之间,垂直高度亦随床土的紧实度、容重、含水量和打孔机的穿透能力不同而异,通常应保持在8cm左右,打孔密度约为36个/m^2。

(2) 时间。在干旱条件下进行除土芯作业,往往导致草坪严重脱水,因此除土芯作业宜在草坪草生长茂盛的良好条件下施行。除土芯作业应与浇水、施肥、补播、拖平等措施结合,方能收到最佳效果。

3. 划破

划破草皮是借助安装在圆盘上的一系列"凸"形刀刺入草皮7~10cm,以改良草坪的通气透水的过程。该作业与打孔相似,只是穿刺的深度限制在3cm以内。划破没有土壤移出过程,对草坪的破坏较小,因此,在仲夏或其他不便于进行土芯作业的时间亦可进行,不会产生草坪草脱水现象。在匍匐型草坪上划破时还能切断匍匐枝和根茎,有助于新枝的产生和发育。

4. 垂直刈割

垂直刈割是借助安装在高速旋转水平轴上的刀片进行近地表面垂直刈割,清除草坪表面积累的有机质层或改善草皮表层通透性的一种养护措施。

刀片在垂直刈割机上的安装分上、中、下三位。当刀片安置在上位时,可切掉匍匐枝或匍匐枝上的叶,以提高草坪的平整性;当刀片中位时,可粉碎除土芯作业时挖出的土块,使土壤再次掺和,有助于有机质分解;当刀片下位时,可除去地表积累的有机质层。垂直刈割最好在草坪草生长旺盛、大气压小、环境有利于草坪草生长发育的时期进行。在温带,夏末或秋初适宜垂直刈割冷地型草;春末及夏初则适宜暖地型草的作业。

5. 松耙

松耙是指通过机械方式将草皮层上覆盖物除去的作业。它是用不同的机械设备耙松地表,使床土获得大量氧气、水分和养分,还能阻止苔藓和杂草的生长、消除真菌孢子萌发的场地。松耙一般在干旱供水时水不能很快渗入床土表层时进行。成熟草坪每年夏季应进行一次全面松耙。松耙通常用手动弹齿式耙进行。大面积松耙作业可用机引弹齿耙进行。

(四)拖平

拖平是将一个重的钢织物或其他相似的设备拉过草坪表面的作业。除土芯作业和施细土后,通过拖平可首先粉碎浮在草坪表面的土块,然后均匀拖平分散到草坪上,并能刷掉粘在草叶上的土壤,便于剪草或其他作业的进行。拖平与补播相结合有助于提高种子的发芽和成活率。草坪修剪前拖平,还可把匍匐在地上的杂草枝条带起来,便于修剪。拖平应在适度干燥时进行。

六、添加湿润剂

湿润剂是一种颗粒类型的表面活化剂或表面活性因子。湿润剂可以减小水的表面张力,提高水的湿润能力。这主要是由表面活化剂在化学组成上和分子结构上(如具有亲水或喜水和亲脂或喜土的基因)的特点所决定的。表面活化剂分为阴离子、阳离子和无离子三种类型。阴离子湿润剂在土壤中容易被淋溶掉,所以阴离子的表面活化剂起作用的时间短。阳离子的表面活化剂可和带负电荷的黏土颗粒或土壤有机胶体紧密结合,所以不易被淋洗掉,在土壤中可长时间发挥作用,一旦干燥就能变成完全防水的土壤。无离子的湿润剂在土壤中最不易被淋溶掉,所以,起作用的时间最长,它分为酯、醚、乙醇三种类型。酯类湿润沙子的效果最好,醚对黏土的效果最好,而乙醇剂对土壤有机质的湿润效果最好。某些无离子的湿润剂是酯、醚和乙醇这三种物质的混合物,对沙土、黏土和有机质土壤都能有效地湿润。湿润剂的施用量一般随土壤类型的不同而异,一般在疏水土壤中湿润剂的浓度达到30~400mg/kg即可。由于土壤微生物的降解作用,往往会降低土壤中湿润剂的浓度,缩短作用有效期。因此,为了使土壤具有足够浓度的湿润剂,每个生长季需要施用两次或更

多次。

　　施用湿润剂能改善土壤与水的可湿性,减少水分的蒸发损失。在草坪草定植后能减少降水的地表径流量,减少土壤侵蚀,防止干旱斑和冻害的发生,提高土壤水分和养分的有效性,促进种子发芽和草坪草的生长发育。但施用过量或在异常天气下施用,湿润剂粘在叶子上时,会对草坪草产生危害。

　　七、草坪着色

　　草坪的颜料是具有不同颜色的一种特殊物质。添加草皮颜料就是用喷雾器或其他设备,将草皮颜料溶液喷于植物表面的一种过程。它可以使暖季休眠的草坪草或冷季越冬的草坪草变绿,或当草坪由于病害而褪色,或人们需要某种的特殊颜料时,使草坪的颜色变得合乎人们的要求,但这种措施必须和其他的措施配合进行。粘到草坪草叶上的这种颜料一旦干燥就能长时间保持不褪色,因此,喷颜料的时间最好在雨后,而不要在下雨前进行。在使用一种新的颜料之前,必须进行小面积的试验,以确定颜色是否纯正,雨后是否褪色,是否对草坪草有伤害。

　　八、损坏草坪的修补

　　草坪在使用过程中,由于严重践踏草坪边缘,过度使用运动场区,险恶的天气下在运动场上进行运动,杀虫剂、除莠剂、杀菌剂的不正确使用,自然磨损及意外事件等,常造成局部草坪的损坏。

　　损坏的草坪应及时修补,方法有补播和铺装草皮两种。当草坪使用不紧迫时可采用前法,但若要立即使用草坪,则需采用快速恢复草坪的铺装法。

　　补播时首先要将补播的地块的表土稍加松动,然后撒播,使种子均匀进入床土。所用种子应与原草坪草种一致,并进行催芽、拌肥、消毒等播前处理,其他处理应与建植时一致。

　　重铺草皮是一种耗资较大的修补方法,但它具有定植迅速的优点。修补的方法是:标出损坏地块;利用馒铲去掉损坏草皮;翻土,施肥(施入过磷酸钙以促生根);紧实坪床;耙平床土;用健康草坪铺装,草皮应高出坪面6cm;施大体面积表肥(50%)+堆肥和沙(50%),使之填入草皮块间隙;铺后确保2~3周内草皮不干透;如果地块较大,当草皮开始密接时,应进行镇压。

　　九、退化草坪的更新修复

　　草坪因草坪草组成的不良演替或表土介质理化性状的恶化而引起草坪严重退化,此时,只要在草坪质量等级允许的前提下,可对草坪局部进行强度较小的改造和定植。把低于重建草坪的一种改良更新退化草坪的措施叫"修复",即修复是一种不完全耕作土壤条件下的部分或全部草坪的再植。

　　(一)可进行修复改良的必要条件

　　(1)草坪植被由完全可用选择性除莠剂杀灭的杂草构成。

　　(2)草坪植被大部分由多年生杂草禾草组成。

　　(3)由昆虫或致病因素或其他原因严重损坏的草坪。

　　(4)有机质层过厚、土壤表层质地不均一、表层3~5cm土壤严重板结的草坪。

　　在修复前,应弄清草坪退化的原因,对症下药、制订正确、切实可行的修复方案。

（二）修复操作

1. 坪床制备

首先应考虑杂草防除，可用施除莠剂的方法完成；其次进行深度垂直刈割，在极端情况下进行划破，以彻底破除有机质层。当表土板结不严重时，亦可进行轻度的芯土耕作和拖平。土壤在耕作前，应施全价肥料，酸性土壤还需增施石灰。施肥量可根据床土营养状况确定，通常施 $4g/m^2$ 可溶解氮。

2. 草种选择

修复可采用营养繁殖，但一旦坪床准备好后，大多采用种子繁殖，草种应选择完全适应当地环境条件的草种，也应考虑与总体草坪的一致性。

3. 种植

修复常用的是撒播和圆盘播补。撒播采用标准播量，播后应浅耙和镇压。圆盘播种则由专用圆盘播种机完成，通常不再另行浅耙和镇压。

2.5 园林植物病虫害及其防治实训

2.5.1 园林植物主要害虫的形态识别

目的要求

（1）了解昆虫外部形态、口器、触角、足、翅等附器的基本构造及类型。

（2）了解昆虫的变态类型及昆虫的不同发育阶段各虫态的基本特征，了解成虫的性二型及多型现象，为进一步识别昆虫奠定基础。

（3）熟悉等翅目、直翅目、缨翅目、半翅目、同翅目、鞘翅目、鳞翅目、双翅目、膜翅目以及蛛形纲蜱螨目等园林植物主要害虫的主要形态特征以及危害状，为正确识别和防治观赏植物食叶害虫奠定基础。

材料与用具

（1）昆虫口器类型标本、昆虫触角类型标本、昆虫足的类型标本、昆虫翅的类型标本。

（2）昆虫的完全变态发育类型及生活史标本、昆虫的不完全变态发育类型及生活史标本。

（3）园林植物昆虫常见的十个目的标本、蛛形纲蜱螨目以及蜘蛛的标本。

（4）园林植物主要害虫及其危害状的盒装标本、新鲜离体标本以及挂图等。

（5）多媒体教学设备、扩大镜、镊子、挑针、培养皿等。

内容与方法

（1）观察蝗虫外部形态。用镊子将蝗虫的翅掀起直立，从侧面观察外骨骼包被虫体。躯体由许多环节组成，分成三大体段：头、胸、腹；头部是昆虫感觉和取食的中心，主要有触角一对、复眼一对,有些昆虫还有 1~3 个单眼及取食的口器;胸部是运动的中心,主要有 3 对胸足及 2 对翅;腹部是代谢和繁殖的中心,体内包括许多内脏器官及生殖系统;观察腹末尾须、外生殖器及肛上板、肛侧板。

(2) 观察昆虫的常见口器类型。仔细观察比较昆虫口器类型标本,注意区别常见的昆虫口器类型:咀嚼式口器、刺吸式口器、虹吸式口器、舐吸式口器、咀吸式口器。

① 咀嚼式口器。用镊子和剪刀依次取下蝗虫的上唇、一对上颚、一对下颚、下唇、舌五部分,放在白纸上,详细观察各部分形态和构造,将蝗虫口器的各部分按挂图粘贴于纸上。

② 刺吸式口器。蝉在头的下方有一个三节的管状下唇,内藏上颚、下颚口针。用右手食指慢慢地将下唇向下按,迎着光线在正面基部可见一个三角形小片,即上唇;继续将下唇下按,使包藏在下唇槽内的上、下颚口针外露,左右一对较粗的是上颚,中间一根金黄色的是一对下颚口针的愈合管,其中有食物道和唾液道,用解剖针自颚基部向上挑动即可分开;最后将上唇、喙管和口针按挂图贴于纸上。

③ 观察蜜蜂的咀吸式口器,蝶、蛾类的虹吸式口器,蝇类的舐吸式口器。

④ 鳞翅目幼虫的口器。这类口器属于咀嚼式,上颚强大,舌、下颚、下唇合并成一复合体,顶端具有吐丝器。

(3) 观察昆虫触角类型标本。仔细观察比较昆虫触角类型标本,注意区别 11 种常见的昆虫触角类型:刚毛状、丝状、念珠状、锯齿状、羽毛状、膝状、具芒状、环毛状、球杆状、锤状、鳃片状。

① 先用放大镜观察蜜蜂触角的柄节、梗节和鞭节的基本构造。

② 对比观察其他昆虫触角的构造及类型。

(4) 观察昆虫足的类型标本。仔细观察比较昆虫足的类型标本,注意区别 8 种常见的昆虫足的类型及其用途:步行足、开掘足、跳跃足、捕捉足、携粉足、抱握足、攀援足、游泳足。

① 观察蝗虫后足:基节、转节、腿节、胫节、跗节、爪及中垫的构造。

② 对比观察其他昆虫足的类型

(5) 观察昆虫翅的类型标本。仔细观察比较昆虫翅的类型标本,注意区别 7 种常见的昆虫翅的类型及其特征:复翅(革质)、膜翅(膜质)、鳞翅(膜质具鳞片)、半翅(半角质或革质、半膜质)、缨翅(缨毛)、鞘翅(角质或革质)、平衡棒(翅的特化)。

① 翅的分区。观察蝗虫的后翅,了解三缘(前缘、外缘、后缘)、三角(肩角、顶角、臀角)和四区(臀前区、臀区、轭区、腋区)。

② 翅的类型。复翅:蝗虫、蟋蟀、大青叶蝉的前翅;鞘翅:金龟甲、天牛、象甲的前翅;鳞翅:蝴蝶、蛾子的前后翅;半翅:蝽象的前翅;膜翅:蝉、蜂、蜻蜓等前后翅;平衡棒:双翅目昆虫蚊、蝇、虻后翅退化成棒状,飞行时用以平衡身体。

(6) 观察昆虫的变态发育类型及生活史和虫态。仔细观察昆虫的完全变态发育标本、不完全变态发育标本、生活史标本,注意比较区别昆虫的变态发育类型以及昆虫的不同发育阶段各虫态的基本特征。了解昆虫成虫的性二型及多型现象。

(7) 观察园林植物害虫目、科的主要特征。仔细观察比较等翅目、直翅目、缨翅目、半翅目、同翅目、鞘翅目、鳞翅目、双翅目、膜翅目以及蛛形纲蜱螨目等园林植物主要害虫的主要形态特征以及危害状,重点观察其翅、足、口器、触角以及身体等部位的主要特征。

① 观察等翅目。观察白蚁科、鼻白蚁科触角的形状,翅的形状及质地、口器类型,找出两科的主要区别。

② 观察直翅目。观察蝗科、蝼蛄科、螽斯科、蟋蟀科触角的形状和长短,翅的质地和形状,口器类型,前足和后足的类型,产卵器的构造和形状,听器的位置及形状,尾须形态,找出各科发音器的位置。

③ 观察半翅目。观察蝽科、网蝽科、猎蝽科、盲蝽科、缘蝽科及其他供试蝽象类的口器、触角、翅的质地及膜区翅脉的形状,臭腺孔开口部位等。着重观察比较蝽科、缘蝽科、猎蝽科膜区上的翅脉区别。

④ 观察同翅目。观察蝉、斑衣蜡蝉、叶蝉、飞虱、蚜虫、介壳虫的口器、前后翅的质地,前后足的类型及蝉的发音位置,蚜虫的腹管位置及形状,介壳虫的雌雄介壳形状及虫体的形状等。

⑤ 观察鞘翅目。观察步甲科、金龟科、小蠹科、吉丁甲科、叩头甲科、瓢甲科、天牛科、叶甲科、象甲科等前后翅的质地、口器形状和类型,触角形状和类型,足的类型,腹节节数,幼虫形态。

⑥ 观察鳞翅目。观察小地老虎翅的斑纹,天蛾卷曲的喙和幼虫的口器及胸部线纹。对比观察枯叶蛾科、卷叶蛾科、毒蛾科、夜蛾科、尺蛾科、灯蛾科、螟蛾科、刺蛾科、木蠹蛾科、透翅蛾科、粉蝶科、蛱蝶科、凤蝶科等昆虫触角的形状,翅的形状、斑纹、颜色。并观察其幼虫的形态、大小、有无腹足及趾钩着生情况,幼虫身上有无毛瘤、枝刺、臭腺、毒腺及位置等。

⑦ 膜翅目的观察。观察各种寄生蜂、蜜蜂、蚂蚁、胡蜂、蛛蜂、泥蜂等的触角形状,口器类型,翅脉变化情况,产卵器的形状。观察相对应的幼虫的形态、大小及腹足的有无和腹足数目。

⑧ 双翅目的观察。观察蚊、蝇等标本,了解这些昆虫的口器类型、后翅变成的平衡棒的形式,了解幼虫形状、大小情况。

⑨ 螨类观察:在扩大镜下观察苹果红蜘蛛或柑橘红蜘蛛,注意比较它们之间的形态特点及主要区别。

作业

将供试标本按昆虫的目、科特征加以鉴定,并说出其所属的目和科。

2.5.2 园林植物主要病害的症状及病原识别

目的要求

(1) 对园林植物主要病害症状类型有初步的感性认识,为园林植物病害的症状识别奠定基础。

(2) 对植物病原真菌、细菌、线虫、寄生性种子植物形态及所致病害有初步的感性认识,为园林植物病害的病原鉴定奠定基础。

(3) 熟悉园林植物主要病害的症状特征,掌握园林植物主要害虫的主要症状特征以及危害状,为园林植物病害的诊断和防治奠定基础。

材料与用具

（1）月季黑斑病、樱花褐斑病、鸢尾细菌性软腐病、君子兰细菌性软腐病、兰花炭疽病、玉兰褐斑病、菊花褐斑病、月季枝枯病、桂花斑枯病、苗木立枯病、猝倒病、葡萄霜霉病、海棠锈病、仙客来灰霉病、大叶黄杨白粉病、大叶黄杨褐斑病、牡丹叶霉病、花木白绢病、花卉腐霉病、杜鹃饼病、桃缩叶病、观赏植物毛毡病、观赏植物根癌病、泡桐丛枝病、观赏植物花叶病等盒装标本、散装标本或挂图。

（2）菟丝子、列当、桑寄生、槲寄生等寄生性种子植物的盒装标本、示范装片或挂图等。

（3）无性子实体和有性子实体示范装片；冬孢子或冬孢子堆的形态；叶点霉属、茎点霉属、拟茎点属、色二孢属、刺盘孢属、壳针孢属示范装片；菌核示范装片；有隔菌丝和无隔菌丝示范装片。

（4）腐霉菌、镰刀菌、疫霉菌、霜霉菌、炭疽菌、小霉炱菌、丝核菌、小核菌、锈菌、白粉菌、黑粉菌、根霉菌、青霉菌、植物病原细菌、植物病原线虫等园林植物病害病原菌的示范装片。

（5）花木烟煤病、柑橘疮痂病、大叶黄杨褐斑病、月季黑斑病、桂花斑枯病、大叶黄杨白粉病新鲜标本及散装标本。

（6）仪器：光学显微镜、多媒体教学设备等。

（7）用具：扩大镜、镊子、刀片、挑针、滴瓶、纱布、盖玻片、载玻片、擦镜纸、吸水纸、搪瓷盘等。

内容与方法

1. 临时玻片标本制作练习

取清洁载玻片，中央滴蒸馏水一滴，用挑针挑取少许瓜果腐霉病菌的白色绵毛状菌丝或挑取少许青霉菌的菌丝或孢子放入水滴中，用两支挑针轻轻拨开过于密集的菌丝或孢子，然后自水滴一侧用挑针支持，慢慢加盖玻片即成（注意加盖玻片时不宜太快，以防形成大量气泡，影响观察或将欲观察的病原物冲溅到玻片外），放到显微镜下观察。

2. 园林植物病害症状观察

病状观察。观察月季黑斑病、樱花褐斑病、花卉细菌性软腐病、兰花炭疽病、玉兰褐斑病、菊花褐斑病、月季枝枯病、桂花斑枯病、苗木立枯病、猝倒病、葡萄霜霉病、海棠锈病、仙客来灰霉病、大叶黄杨白粉病、大叶黄杨褐斑病、牡丹叶霉病、花木白绢病、花卉腐霉病、杜鹃饼病、桃缩叶病、观赏植物枯萎病、观赏植物毛毡病、观赏植物根癌病、泡桐丛枝病、观赏植物花叶病的症状特点，注意区分这些病状分别属于变色、坏死、腐烂、萎蔫、畸形中的哪一类。

病征观察。观察真菌病害是否有五大类病征的出现。

① 观察炭疽病、褐斑病、斑枯病等病害的症状特点，注意是否有小黑点，同时注意炭疽病病斑中央是否有同心轮纹状排列的小黑点。

② 观察观赏植物细菌性软腐病的腐烂及其在叶片上造成的症状特点，注意呈湿腐状病部是否有特殊的臭或酸味。

③ 观察泡桐丛枝病的小叶、叶革质化、枝叶丛生、腋芽多次萌发及节间缩短等症状特点。

④ 观察瓜叶菊白粉病、大叶黄杨白粉病或柑橘青霉病，注意病斑上霉状物的形态特征。

3．病原形态观察

（1）寄生性种子植物观察。仔细观察菟丝子、列当、野菰、桑寄生、槲寄生等寄生性种子植物的形态特征，注意它们如何从寄主吸取营养。

（2）病原菌的营养体及繁殖体观察。观察分生孢子梗束、分生孢子座、分生孢子盘、分生孢子器、子囊壳、闭囊壳、子囊盘的担子果等真菌无性子实体和有性子实体示范装片，比较各种子实体的形态特征。其上着生的孢子哪些是分生孢子、子囊和子囊孢子、担子和担子孢子。

（3）病原菌典型特征观察。腐霉菌、镰刀菌、疫霉菌、霜霉菌、炭疽菌、小霉食菌、丝核菌、小核菌、锈菌、白粉菌、黑粉菌、根霉菌、青霉菌、植物病原细菌、植物病原线虫等园林植物病害病原菌的示范装片，观察其典型特征。

（4）自制玻片标本观察病原。取瓜叶菊白粉病、大叶黄杨白粉病或柑橘青霉病标本，用挑针挑取闭囊壳或分生孢子制临时玻片，置于显微镜下观察其形态特征。

作业

（1）将园林植物病害的观察结果填入表2-10。

表2-10　园林植物主要病害观察结果记录表

病害名称	危害部位和症状特点	病原菌形态特征

（2）按照生物绘图的标准，手工绘制几种园林植物常见病害的症状及病原形态特征图。

2.5.3　园林植物常见病虫害的识别诊断与防治

目的要求

（1）掌握当地园林植物常见病害的典型识别特征。
（2）了解当地园林植物常见病害的防治要点。
（3）认识园林植物病害发生与防治实践现场。
（4）掌握园林植物常见病害的识别诊断要领。

材料与用具

手持扩大镜、镊子、铁锹、园艺修枝锯、修枝剪及参考书籍。

内容与方法

（一）园林植物病害的诊断步骤

植物病害的诊断一般有四个步骤：

1．田间诊断

田间诊断就是现场观察，根据症状特点，区别是虫害、伤害还是病害，进一步区别是非浸染性病害还是侵染性病害。虫害、伤害没有病理变化过程，而侵染性病害却有病理变化过程。注意调查和了解病株在田间的分布,病害的发生与气候、地形、地势、土质、肥水、农药等环境条件和栽培管理的关系。

2. 症状观察

症状观察是首要的诊断依据,虽然比较简易,但须在比较熟悉病害的基础上才能进行。诊断的准确性取决于症状的典型性和诊断人的实践经验。

观察症状时,注意是点发性病状还是散发性病状,是坏死性病变、刺激性病变,还是抑制性病变,病斑的部位、大小、长短、色泽和气味,病部组织的质地等不正常的特点。许多病害有明显病征,当出现病征时就能确诊。有些病害外表看不见病征,但只要认识其典型病状也能确诊,如病毒病。

3. 室内鉴定

许多病害单凭症状不能确诊。因为不同的病原可产生相似症状,病害的症状也可因寄主和环境条件而变化,因此有时须进行室内病原鉴定才能确诊。一般说来,病原室内鉴定是借助扩大镜、显微镜、电子显微镜、保湿保温机械设备等,根据不同病原的特点,采取不同手段,进一步观察病原物的形态、特征特性、生理生化等。新病害还须请分类专家确诊病原。

4. 病原分离培养和接种

有些病害在病部表面不一定能找到病原物,同时,即使检查到微生物,也可能是组织死亡后长出的腐生物,因此,病原物的分离培养和接种是植物病害诊断中最科学最可靠的方法。具体步骤如下:

(1) 取植物上的病组织,按常规方法将病原物从病组织分离出来,并加以纯化培养。

(2) 将纯化培养的病原菌接种在同样植物的健株上,给予适温高湿的发病条件,使它发病,以不接种的植株作对照。

(3) 接种植株发病后,观察它的症状是否与原来病株的症状相同。

(4) 观察接种植株的病原菌,或再分离,若得到的病原菌与原来接上去的一致时,证明这是它的病原物。

(二) 非侵染性病害的诊断

非侵染性病害是由于不适宜的环境条件引起的,一般通过田间观察,考察环境条件、栽培管理等因素的影响,用扩大镜仔细检查病部表面或先对病组织表面消毒,再经保温保湿,检查有无病征。必要时,可分析植物所含营养元素、土壤酸碱度及有毒物质等,可进行营养诊断和治疗试验、温湿度等环境影响的试验,以明确病原。

非侵染性病害的特点:一是病株在田间的分布具有规律性,一般比较均匀,往往是大面积成片发生。没有从点到面扩展的过程;二是症状具有特异性,除了高温引起的灼伤和药害等个别原因引起局部病变外,病株常表现全株性发病,如缺素症、涝害等;三是株间不互相传染;四是病株只表现病状,无病征,病状类型有变色、枯死、落花落果、畸形和生长不良等;五是病害发生与环境条件、栽培管理措施密切相关,因此,在发病初期消除致病因素或采取挽救措施,可使病态植株恢复正常。

(三) 侵染性病害的诊断

侵染性病害在田间由点到面,逐渐加重。有的病害的扩展与某些昆虫有关,有些新发生的病害与换种和引种等栽培措施有关。地方性常见病害的严重发生,往往与当年的气候条件、作物品种布局和抗病性丧失有关。侵染性病害中,除了病毒、类病毒、类菌原体、类立次氏体等引起的病害没有病征外,真菌、细菌及寄生性种子植物等引起的病害,既有病状又有病征。但是不论哪种病原引起的病害,都具传染性。栽培条件改善后,病害也难以恢复。

1. 真菌性病害的诊断

真菌性病害的被害部位迟早都产生各种病征,如各种色泽的霉状物、粉状物、绵毛状物、小黑点(粒)、菌核、菌索、伞状物等。因此诊断时,可用扩大镜观察病部霉状物或经保温保湿使霉状物重新长出后制成临时装片,置于显微镜下观察。

2. 细菌性病害的诊断

植物细菌病害的症状有斑点、条斑、溃疡、萎蔫、腐烂、畸形等。症状共同的特点是病状多表现急性坏死型,病斑初期呈半透明水渍状,边缘常有褪绿的黄晕圈。气候潮湿时,从病部的气孔、水孔、皮孔及伤口处溢出粘稠状菌脓,干后呈胶粒或胶膜状。植物细菌病害单凭症状诊断是不够的,往往还需检查病组织中是否有细菌存在,最简单的方法是用显微镜检查有无溢菌现象等。诊断新的或疑难的细菌病害,必须进行分离培养、生理生化和接种试验等才能确定病原。

3. 病毒病害的诊断

植物病毒病多为系统性发病,少数局部性发病。病毒病的特点是有病状没有病征,多呈花叶黄化、畸型、坏死等。病状以叶片和幼嫩的枝梢表现最明显。病株常从个别分枝或植株顶端开始,逐渐扩展到植株其他部分。此外还有如下特点:一是田间病株多是分散、零星发生,没有规律性,病株周围往往发现完全健康的植株;二是有些病毒是接触传染的,在田间分布比较集中;三是不少病毒病靠媒介昆虫传播。若靠活动力弱的昆虫传播,病株在田间的分布就比较集中。若初侵染来源是野生寄主上的虫媒,在田边、沟边的植株发病比较严重,田中间的较轻;四是病毒病的发生往往与传毒虫媒活动有关系,田间害虫发生严重,病毒病也严重;五是病毒病往往随气温变化有隐症现象,但不能恢复正常状态。

根据以上特点观察比较后,必要时可采用汁液摩擦接种、嫁接传染或昆虫传毒等接种试验,有的还可用不带毒的菟丝子作桥梁传染,少数病毒病可用病株种子传染,以证实其传染性,这些是诊断病毒病的常用方法。确定病毒病后,要进行寄主范围、物理特性、血清反应等试验,以确定病毒的种类。

4. 类菌原体和类立克次氏体病害的诊断

所致病害的病状为矮缩、丛枝、枯萎、叶片黄化、扭曲、花变绿变叶等,多数为黄化型系统性病害。它们表现的症状较难与植物病毒病害相区别。可采用以下两种方法:一是用电子显微镜,对病株组织或带毒媒介昆虫的唾腺组织制成的超薄切片检查有无类菌原体和类立克次氏体的存在。二是治疗试验,对受病组织施用四环素和青霉素。对青霉素抵抗能力强,而用四环素后病状消失或减轻的,病原为类菌原体,施用四环素和青霉素之后症状都消失或减轻的,为类立克次氏体。

5. 线虫病害的诊断

线虫多数引起植物地下部发病,受害植株大都表现缓慢的衰退症状,很少急性发病,发病初期不易发现。通常是病部产生虫瘿、肿瘤、茎叶畸形、扭曲、叶尖干枯、须根丛生及植株生长衰弱,似营养缺乏症状。此外,可将虫瘿或肿瘤切开,挑出线虫制片或做成病组织切片镜检。有些线虫不产生虫瘿和根结,从病部也比较难看到虫体,就需要采用漏斗分离法或叶片染色法检查,根据线虫的形态特征、寄主范围等确定分类地位。必要时可用虫瘿、病株种子、病田土壤等进行人工接种。

作业

(1) 试对校园及周边的某种园林植物病害进行初步诊断。
(2) 试述园林植物病害诊断的要领。

2.5.4 波尔多液的配制

目的要求

(1) 掌握波尔多液的配制方法。
(2) 掌握波尔多液的质量鉴别方法。

材料与用具

五水合硫酸铜、生石灰、风化石灰、温水;100mL 烧杯、200mL 烧杯、200mL 量筒、试管、试管架、天平、牛角匙、玻璃棒、研钵、试管刷、石蕊试纸、天平、铁丝等。

内容与方法

1. 基本原理

波尔多液是由硫酸铜、生石灰和水配制而成的一种保护性杀菌剂,有效成分为碱式硫酸铜$[Cu(OH)_2]_3 \cdot CuSO_4$。

反应式如下:

$$4CuSO_4 \cdot 5H_2O + 3Ca(OH)_2 \longrightarrow 3Cu(OH)_2 \cdot CuSO_4 + 3CaSO_4 + 20H_2O$$

喷洒药液后在植物体和病菌表面形成一层很薄的药膜,该膜不溶于水,但在二氧化碳、氨、树体及病菌分泌物的作用下,通过释放可溶性铜离子而抑制病原菌孢子萌发或菌丝生长。在酸性条件下,铜离子大量释出时也能凝固病原菌的细胞原生质而起杀菌作用。在相对湿度较高、叶面有露水或水膜的情况下,药效较好,但对耐铜力差的植物易产生药害。可有效地阻止孢子发芽,防止病菌侵染,并能促使叶色浓绿、生长健壮,提高树体抗病能力。该制剂具有杀菌谱广、持效期长、病菌不会产生抗性、对人畜低毒等特点,是应用历史最长的一种杀菌剂。

2. 波尔多液的配制

分组用以下方法配制1%的等量式波尔多液(硫酸铜∶生石灰∶水 = 1∶1∶100)。

(1) 两液同时注入法:用1/2水溶解硫酸铜,另用1/2水溶化生石灰,然后同时将两液注入第三个容器内,边倒边搅即成。这是最常用的配制方法。

硫酸铜在水中溶解极慢,最好先把硫酸铜结晶研细,并用温水溶解,可加快其溶解速度。

(2) 稀硫酸铜溶液注入浓石灰乳法:用4/5水溶解硫酸铜,另用1/5水消解生石灰,然后以硫酸铜溶液倒入石灰乳中,边倒边搅即成。

(3) 石灰水注入硫酸铜溶液法:方法同(2),但将石灰乳注入硫酸铜溶液中,边倒边搅即成。

注意:少量配制波尔多液时,硫酸铜与生石灰要研细;如用块状石灰加水溶化时,一定要慢慢将水滴入,使石灰逐渐崩解化开。

不同浓度波尔多液的配制比例如表2-11所示。

表2-11 波尔多液的配制比例

处理序号	硫酸铜			石灰			总体积/mL	操作方法
	药量/g	加水量/mL	浓度/%	药量/g	加水量/mL	浓度/%		
Ⅰ	2	100	2	2	100	2	200	二者同注入另一容器
Ⅱ	2	160	1.25	2	40	5	200	稀硫酸铜液→石灰乳
Ⅲ	2	160	1.25	2	40	5	200	石灰乳→稀硫酸铜液
Ⅳ	2	160	1.25	2	40	5	200	硫酸铜液→风化石灰液

3. 配制程序

(1) 称取2g硫酸铜放入200 mL烧杯中,加少量水,加热溶解,然后加水稀释到表中所要求的体积。

(2) 称取2g生石灰放于100mL烧杯中,加热水少许(几滴即可)使石灰溶解,然后再加足量的水,配成石灰乳。

(3) 溶液冷却后再混合,按上表的操作方法,将两种溶液混合,同时不停搅拌,混合后倒入200mL的量筒中,并标出序号。

4. 波尔多液的质量检查

药液配好以后,用以下方法检查质量:

(1) 物态观察:观察比较不同方法配制的波尔多液,其颜色质地是否相同。质量优良的波尔多液应为天蓝色胶态乳状液。

(2) 酸碱测试:用红色石蕊试纸或者pH试纸测定其酸碱性,以试纸慢慢变为蓝色(即碱性反应)为好。

(3) 置换反应:用磨亮的铁丝插入波尔多液片刻,观察铁丝上有无镀铜现象,以不产生镀铜现象为好。

(4) 沉淀测试:将制成的波尔多液分别同时倒入200mL的量筒中静置30min,记载沉淀情况。沉淀越慢越好,过快者不可采用。

悬浮率可用以下公式计算:

$$悬浮率(\%) = \frac{悬浮液柱的容积}{混合液柱的总容积} \times 100$$

将检查鉴别结果记入表2-12:

表 2-12　波尔多液质量检查鉴别表

配制检查方法及项目	悬浮率/%			酸碱测试	置换反应
	10min	20min	30min		
1					
2					
3					
4					

作业

列表比较不同方法配制成的波尔多液的质量优劣。

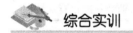

综合实训

绿篱及规则形状的修剪

一、绿篱的修剪高度及形状

绿篱修剪的高度一般可分为：矮篱 20~25cm；中篱 50~120cm；高篱 120~160cm；绿墙 160cm 以上。其他规则整形的规格依具体情况而定。

绿篱的常见形状有梯形、长方形，以后者居多。

二、修剪方法

绿篱定植后，应按规定的高度及形状及时修剪。为促使干基枝叶的生长，萌发更多的侧枝，可将树干截去 1/3 以上，剪口在预定高度的 5~10cm 以下，同时将整条绿篱的外表面修剪平整。

绿篱或其他规则树形的修剪养护多用短剪的方法，以轻短剪居多。

为使修剪后的绿篱及其他规则式树形外观一致、平直，应使用大平剪或修剪机，曲面仍用枝剪修剪。

三、修剪时期

北方地区，绿篱及规则式树形的修剪每年至少进行一次，阔叶树一般在春季进行，针叶树在夏秋进行。南方特别是华南地区，植物四季生长，每年一般都要修剪 3~4 次以上，以维持植物的规则形状。

本章小结

园林植物栽培与养护是园林技术类专业最重要的技能之一，园林植物能否发挥应有的作用，关键是养护是否到位。其内容包括园林树木、园林花卉的栽培与养护，还包括各树各木的养护与变化。养护的内容主要为土、肥、水管理和病虫害防治。

复习思考

1. 简述刺吸式口器害虫的危害特征及防治特点。
2. 说出冷季型草坪与暖季型草坪施肥计划的异同点。
3. 出圃苗木的几个主要指标是什么?

 考证提示

可结合理论教学与实训,报考花卉园艺工、园林植保工、绿化工等职业工种。

第3章 园林绿地测绘与设计实训

本章导读

测绘是园林技术大类专业的重要基础技能,是园林设计的基础,主要内容包括测绘的基本技能、小型绿地的设计、园林建筑小品设计等内容。

实训目标 熟练掌握距离丈量、点位测设、园林平面图测绘、园林工程放样测量的方法以及不同类型园林绿地设计方法、园林小型建筑设计手法、计算机辅助绘图方法;能够以小组为单位正确测量某小型绿地,并绘制成平面图;能够独立地完成城市道路绿地设计、单位附属绿地设计、居住区绿化景观设计、城市中小型公园设计;能够独立完成现代亭的详细设计;能够独立用AutoCAD辅助设计软件绘制园林工程图。

3.1 园林绿地测绘实训

3.1.1 距离丈量

实训目的

学会目估法、直线和钢尺丈量距离的一般方法。

实训内容

(1) 每小组在实习基地上选4~6个点,组成一闭合导线(每段边长约80m左右,个别段应有起伏)。

(2) 用钢尺和一般量距的方法进行距离丈量。

仪器及工具

罗盘仪,经纬仪,钢尺(30m)1副,标杆3根,测钎1组(6根或11根),斧子1把,木桩及小钉各4~6个,垂球2个;自备铅笔、小刀、记录板、记录表格等。

方法步骤

一、标定点位

若有固定的实习基地,选 4~6 个固定标志组成一闭合导线,且每段边长约 80m 左右,按顺(或逆)时针编号。

二、距离丈量

1. 平坦地面上量距

(1) 往测:

① 在 A、B 两点各竖一根标杆,后尺手执尺零端将尺零点对准点 A;② 前尺手持尺盒并携带第三根标杆和测钎沿 AB 方向前进,行至约一尺段处停下,由后尺手指挥前尺手左右移动标杆,使标杆在 AB 连线上(目视定线),拉紧钢尺在整尺段注记处插下测钎 1;③ 两尺手同时提尺及标杆前进,后尺手行至测钎 1 处,如前所做,前尺手同法插一根测钎 2,量距后后尺手将测钎 1 收起;④ 同法依次丈量其他各尺段;⑤ 到最后一个不足整尺的尺段时,前尺手将一整分划对准 B 点,后尺手在尺的零端读出厘米或毫米数,两数相减即为余长。

(2) 计算:后尺手所收测钎数(n)即为整尺段数,整尺段数(n)乘尺长(l)加余长(q)为 AB 的往测距离,即 $D_{往} = n \times l + q$

(3) 返测:由 B 点向 A 点同法量测,即 $D_{返} = n \times l + q$

(4) 求往、返测距离的相对误差 K,$K = \dfrac{|\Delta D|}{\overline{D}}$。若 $K \leq 1/3\,000$,取平均值作为最后结果;若 $K > 1/3\,000$,应重新丈量。同法丈量出其他线段的距离。

2. 斜量法

当地面坡度较缓且较均匀时,可沿地面直接量出 MN 段的斜距 L,用罗盘仪或经纬仪测出 MN 的倾斜角 θ,按下式将斜距改成水平距离 D。$D = L \cdot \cos\theta$,同样,该法也要往、返测,且比较相对误差后再取平均值。

注意事项

(1) 钢尺必须经过鉴定才能使用。丈量前,要正确找出尺子的零点。丈量时,钢尺要拉平拉紧,用力要均匀。

(2) 爱护钢尺,勿沿地面拖拉,严防折绕、受压。用毕将尺擦净涂上机油,妥善保管。

(3) 插测钎时,测钎要竖直,若地面坚硬,可在地上作出相应记号。

实训报告

将平坦地面量距的记录填入表 3-1。

表 3-1 平坦地面量距记录

尺号_____ 尺长_____ 班组_____ 观测者_____ 记录者_____ 单位_____

直线编号	测量方向	整尺段长 $n \times l$	余长 q	全长 D	往返平均值 $\overline{D}$	相对误差 K	备注
	往						
	返						

续表

直线编号	测量方向	整尺段长 $n \times l$	余长 q	全长 D	往返平均值 $\overline{D}$	相对误差 K	备注
	往						
	返						
	往						
	返						

3.1.2 点位测设

实训目的

学会水平角、水平距和高程测设的基本方法。

实训内容

练习水平角、水平距和高程的测设方法,每人至少练习一次。

仪器及工具

经纬仪1台,水准仪1台,钢尺1副,水准尺1把,测钎1束,记录板1块;自备铅笔、小刀、木桩、小钉、笔擦、计算器等。

方法与步骤

由指导教师在现场布置 O、A 两点(距离40~60m),并假定 O 点的高程为50.500m。现欲测设 B 点,使 $\angle AOB = 45°$(或其他度数,由指导教师根据场地而定,下同),OB 的长度为50m,B 点的高程为51.000m。

1. 水平角的测设

(1)将经纬仪安置于 O 点,用盘左后视 A 点,并使水平盘读数为 $0°00'00''$。

(2)顺时针转动照准部,水平度盘读数确定45°,在望远镜视准轴方向上标定一点 B'(长度约为50m)。

(3)倒镜,用盘右后视 A 点,读取水平度盘读数为 α,顺时针转动照准部,使水平度盘读数确定在 $(\alpha + 45°)$,同样的方法在地面上标定 B'' 点,$OB'' = OB'$。

(4)取 B'、B'' 连线的中点 B,则 $\angle AOB$ 即为欲测设的45°角。

2. 水平距离的测设

(1)根据现场已定的起点和方向线,先进行直线定线,然后分两段丈量,使两段距离之和为50m,定出直线另一端点 B'。

(2)返测 $B'O$ 的距离,若往返测距离的相对误差≤1/3 000,取往返丈量结果的平均值作为 OB' 的距离。

(3)求 $B'B = 50 - d'_{OB'}$,d' 为 OB' 的距离(往返测量差值),调整端点位置 B' 至 B,当 $B'B > 0$ 时,B' 往前移动;反之,B' 往后移动。

3. 高程的测设

（1）安置水准仪于 O、B 的约等距离处，整平仪器后，后视 O 点上的水准尺读数为 a。

（2）在 B 点处钉一大木桩，转动水准仪的望远镜，前视 B 点上的水准尺，使尺缓缓上下移动，当尺读数恰为 $b(b=50.500+a-51.000)$，则尺底的高程即为 51.000m，用笔沿尺底划线标出。

施测时，若前视读数大于 b，说明尺底高程低于欲测设的设计高程，应将水准尺慢慢提高至符合要求为止；反之，应降低尺底。

注意事项

（1）本实验不要求上交实验报告等材料，但实验每完成一项，应请指导教师对测设的结果进行检核（或在教师的指导下自检）；检核时，角度测设的限差不大于 ±40″，距离测设的相对误差不大于 1/3 000，高程测设的限差不大于 ±10mm。

（2）有关测量仪器与工具使用的注意事项见测量实验实习须知。

实习成果

1. 小组上交资料

（1）测量外业记录手簿，碎部测量记录手簿。

（2）1∶500 比例尺的平面图。

2. 个人上交资料

（1）控制测量内业计算成果。

（2）实习报告。

（3）实习成果和资料。

考核标准

（1）水平角的测设方法正确，符合精度要求。（40 分）

（2）水平距离的测设方法正确，符合精度要求。（30 分）

（3）高程的测设方法正确，符合精度要求。（30 分）

3.1.3 园林平面图测绘

实训目的

（1）初步学会根据测区实际情况，确定导线形式及选择数量合理的图根点，掌握图根平面控制测量的外业和内业工作。

（2）掌握坐标格网的绘制和图根点的展绘及地形测量的方法，学会园林平面图的整饰和清绘。

实训内容

每组完成实习指导教师指定测区范围的 1∶500 比例尺平面图的测绘，包括图根平面控制测量的外业和内业、坐标格网的绘制、图根点的展绘、碎步测量、平面图的整饰和清绘等。

实训地点

校内实训基地或校外园林场所。

仪器及工具

经纬仪、平板仪、罗盘仪各一套,30m 钢尺、2m 钢卷尺各 1 副,视矩尺 1 根,标杆 2 根,测钎 1 组,三角板、量角器各 1 副,丁字尺、三棱尺各 1 把,斧子 1 把,测伞 1 把,油漆适量,木桩若干,记录表若干,记录板 1 块,《1∶500 地形图图式》1 本。自备计算器、铅笔、小刀、橡皮、毛笔、大头针、小钉、透明胶带、绘图纸等。

方法与步骤

一、园林平面控制测量

根据实习基地的具体情况,确定经纬仪导线形式,本实习以闭合导线为例。具体步骤如下:

1. 经纬仪导线测量外业工作

(1)根据指导教师在实习基地指定的测区范围,到实地踏勘选定 4~6 个控制点,选点方法及注意事项见教材相关内容。控制点位置选定后,应打上木桩并编号。或者采用指导教师在实习基地指明测区范围内以前标定的控制点。

(2)测角。采用经纬仪测图法观测闭合导线的各转折角(内角),上、下半测回角值差不超过 +40″,取平均值作为内角的观测值。

(3)测边。用钢尺往返丈量各导线的边长,用经纬仪的望远镜定线,可与测角同时进行。往返丈量的相对误差不大于 1/3 000,取平均值作为边长。

(4)联测。测区附近若有已知坐标的控制点,使导线与之联系起来,采用经纬仪测连接角,钢尺测连接边。若是独立的测区,还应用罗盘仪观测起始边正、反方位角,误差不超过 ±1°,取平均方位角作为起算值。

2. 经纬仪导线测量内业工作

(1)角度闭合差的计算与调整。

$$f_\beta = \sum \beta - (n-2) \times 180°, \quad f_{\beta 容} = \pm 60''\sqrt{n}$$

若 $|f_\beta| \leq |f_{\beta 容}|$,则将 f_β 以相反的符号平均分配到各内角。

(2)方位角的计算。根据导线起始边已知方位角及改正后的转折角,计算导线其他边的坐标方位角,最后计算出起始边方位角,与已知值做校核。

(3)坐标增量的计算。根据导线各边的边长和坐标方位角计算纵、横坐标增量,公式如下:

$\Delta x = D \cdot \cos\alpha, \Delta y = D \cdot \sin\alpha$,坐标增量精确到 0.01m。

(4)坐标增量闭合差的计算与调整。纵、横坐标增量闭合差公式:

$$f_x = \sum \Delta x, \quad f_y = \sum \Delta y$$

导线全长闭合差 $f_D = \sqrt{f_x^2 + f_y^2}$,导线全长相对误差 $K = \dfrac{f_D}{\sum D}$,若 $K \leq \dfrac{1}{2\,000}$,则将纵、横坐标增量闭合差 f_x, f_y 分别以相反的符号按边长成正比例地分配到各坐标增量中。

(5)坐标的计算。根据起点的已知坐标及改正后的坐标增量,依次计算各图根点的坐标。若为独立测区,则假定起点坐标为(1 000.00,1 000.00)。

二、测图前的准备工作

首先将绘图纸用透明胶带固定到图板上,采用对角线法绘制坐标格网(50cm×50cm),格网边长为10cm。绘制后应检查:各方格顶点及对角线方向的点是否在同一直线上,每一方格边长不应超过0.2mm,对角线长度误差不得超过0.3mm,方格网线与刺孔直径不得超过0.1mm。

然后根据测区位置和测图比例尺,将合适的坐标值标注在网格线上。

最后根据各图根点的坐标位置展绘在格网上。按图式规定,注记图根点符号。展绘后应检查图上边长与丈量边长,其误差不得超过图上距离的±0.3mm。

三、碎部测量

碎部测量方法一般采用经纬仪测图法,也可采用经纬仪与平板仪联合测图法或平板仪测图法。测量时,要合理地选择地物点。

若根据图根法点无法施测局部地区时,可根据现有图根点采用支导线或测角交会等方法加密图根点。

四、平面图的整饰与清绘

平面图必须经过整饰与清绘,使图面内容齐全、清晰美观,符合图式要求。

清绘和整饰的顺序是先图内后图外、先标记后符号。即先擦去多余线条,按照地形图图例和有关规定,重新描绘各种注记和符号。最后绘制图廓、图名、图号、比例尺、坐标系统、图例、测绘方法、测绘单位、测绘日期。

实训成果

1. 小组上交资料
(1)测量外业记录手簿,碎部测量记录手簿。
(2)1∶500比例尺的平面图。
2. 个人上交资料
(1)控制测量内业计算成果。
(2)实习报告。
(3)实习成果和资料。

考核标准

(1)经纬仪导线测量方法正确,符合精度要求。(40分)
(2)碎部测量方法正确,符合精度要求。(30分)
(3)平面图的整饰与清绘方法正确,符合精度要求。(30分)

3.1.4 园林工程放样测量

实训目的

学会园路放样测量、假山放样测量、挖湖放样测量、园林植物种植放样测量。

实训内容

园路放样测量、堆山放样测量、挖湖放样测量、园林植物种植放样测量。

仪器与工具

每个实习小组设备有:DJ_3光学经纬仪1台、DS_3水准仪1台、皮尺1把、钢尺1把、平板仪1台、水准尺2根、尺垫2个、花杆3根、记录板1块、工具包1个、测伞1把,以及有关的记录、计算表和图纸。自备直尺、铅笔(2H或4H)、计算器、橡皮。

方法与步骤

一、园路放样测量

(1)在实训场内设计30~50m步行园道,用平板仪或经纬仪测出路中心的交叉点、转弯点、坡度变化点,曲线的起点、中点、终点。

(2)选择一个填方及一个挖方的中线桩,测设其边坡桩。

二、堆山放样

(1)在实训场内设计一个大小约30m×20m、高约5m的堆填山体。

(2)用平板仪或经纬仪测设堆填山设计等高线H_i的各个转折点,并打上木桩。

(3)用绳子将等高线按设计形状在地面标出并撒上白灰线。

(4)用水准仪测出各转折点桩的高程H_{ij}。

(5)计算各桩填方高度$h_{ij} = H_{ij} - H_i$,并标明于桩的侧面;若高度允许,则在各桩点插设竹杆,并划线标出填高。

三、挖湖放样

(1)实训场内设计一个大小约30m×20m、深约2m的人工湖。

(2)用小平板仪或经纬仪将设计的水体边界各转折点测设到地面上,打上木桩,用白灰按水体边界设计形状将各转折点连接起来。

(3)在水体内选择若干个点位并打上木桩。

(4)用水准仪测出边界及水体内各桩点现有的高程H_i。

(5)计算边界桩的填高$h_i = H_{现i} - H_i$,并注于桩的侧面上。

(6)计算边界内各桩挖的深度$h_i = H_{现i} - H_i$,并注于桩的侧面上。

四、园林植物种植放样

1. 园林植物种植测设的要求

园林植物种植有两种形式:一种为单株种植;另一种为丛植。单株种植的测设应在实地上测设出种植的几何中心位置,打上木桩,写明树种、胸径(或地径)、树高等。丛植的测设则类似堆山测设等高线一样,把边界转折点位置测出,然后用长绳将范围界线按设计形状在地面标出并撒上白灰线,在范围内打上木桩,在木桩上写明树种名称、株数、高度、地径或胸径等。

2. 测设方法

(1)类似园路、堆山、挖湖的放样方法。

(2)根据种植植物与道路的关系,用支距法测出种植植物的位置。

(3)若种植植物与地物、地貌特征点较近,则可以用距离交会法测设。

(4) 若施工现场已建立施工控制网,则可以用直角坐标法定位。

3. 测设具体内容

根据教师提供的设计图,测设出一个单株种植植物的实地位置,钉上木桩,写明树种、胸径(或地径)、树高等;测设出一个丛植植物的范围界线,然后用长绳将范围界线按设计状在地面标出并撒上白灰线,在范围内打上木桩,木桩上写明树种名称、株数、高度、地径或胸径等。

实训成果

(1) 放样数据计算及放样简图。
(2) 水准测量记录表。
(3) 各桩点填挖高计算表。
(4) 实习报告。

3.2 各类园林绿地设计实训

3.2.1 城市道路绿地设计

实训目的

按照《城市道路绿化规划与设计规范》,学会城市道路标准段绿化设计(含中间分隔带和两侧绿带)、道路绿化断面设计、鸟瞰图或局部效果图设计、地形设计等设计手法。

实训内容

完成长度不超过2 000m的城市三板四带式道路或滨河路绿地方案设计、道路节点详细设计、种植施工图设计、地形设计及设计说明与设计概算的编制。

实训地点

园林专业绘图教室或计算机辅助设计室。

仪器及工具

序号	名 称	规 格	数 量	备 注
1	图纸	A_2 或 A_1	若干张	硫酸纸、标准制图白纸
2	铅笔	HB、B_1	1支	
3	针管笔	0.3、0.6、0.9	1套	
4	绘图尺具	常规	1套	
5	丁字尺	0.9m	1把	
6	图板	A_2 或 A_1	1块	

实训要求

(1) 下发设计任务书(仿效设计招标书的样式),讲述具体的要求、实习安排、方法步骤以及实习过程中应注意的问题。

(2) 做好准备工作,通过各种途径对建设单位当地自然条件、社会环境做认真的调查,并收集相关的图纸资料。

(3) 组织学生到现场进行踏查,熟悉基地周边环境,了解场地有关情况。

(4) 根据实际情况做出草案设计,明确设计总体思路和定位,确定设计艺术特色和风格。

(5) 经过反复修改绘制出道路绿化景观设计总平面图。

(6) 绘制道路植物种植设计图、断面图、地形图等。

(7) 绘制整体鸟瞰图或局部效果图。

(8) 编写设计说明和设计概算。

方法与步骤

(1) 调查当地的土壤、水质、气象、植被等情况,了解适宜树种的选择范围,并了解工程所在地的社会环境(历史人文、交通情况、现有设施、施工条件、风俗民情等),以便做到因地制宜,突出地方特色。

(2) 调查和分析当地其他道路绿化特色,总结设计要点,注意防止形式雷同。

(3) 对所收集到的资料进行认真的分析和判断,以道路绿化设计的原则为理论指导,在充分保证道路交通安全的前提下,运用各种园林艺术手法进行造景设计。

(4) 构思设计总体方案及种植形式,完成初步设计。

(5) 绘制详细设计图纸,包括平面图、立面图、断面图、效果图等。

(6) 编制本方案的设计说明书和设计概算。

实训成果

(1) 设计总平面图一幅,比例1∶500。

(2) 道路绿化标准段设计及断面图一幅,比例1∶100~1∶250。

(3) 种植设计图及地形图一幅,比例1∶100~1∶250。

(4) 鸟瞰图或局部效果图一至两张。

(5) 设计说明及设计概算一份。

考核标准

1. 评分标准

(1) 方案构思(20分):① 针对道路自身特点和周围环境,形成合适的设计方案;② 能够将自己的想法以草图的形式表现出来,并绘制在图纸上。

(2) 初步设计(35分):对初步构思根据需要进行深入设计,将自己的方案根据要求进一步进行规划,包括确定地形布置、园林小品的布局、植物平面布局等。

(3) 细部设计(35分):对初步设计内容进行细化,具体包括植物种类确定、水体驳岸设计、园林小品的各类表现图。

(4) 编写设计说明与设计概算(10分)。

2. 考核等级

（1）主题突出,立意构思新颖;方案设计合理,符合"实用、经济、美观"的原则;图面整洁,园林符号使用规范;设计文件表达清晰,报价合理可评为"优秀"。

（2）主题比较突出,立意构思较新颖;方案设计比较合理;园林符号使用规范,图面较整洁;设计文件表达较清晰,报价基本满足要求可评为"良好"。

（3）有一定的立意构思;方案设计无明显失误,图面基本能反映构思,基本能正确使用园林符号;有设计文件,基本能表达清晰,预算无明显失误可评为"及格"。

（4）无明确立意构思和主题;方案设计不合理,且有明显失误;图面不整洁,不能正确使用园林符号;无设计文件或设计文件和预算中均有明显失误可评为"不及格"。

设计任务书及现状图

由各学校根据人才培养目标、实训类课程标准和要求自定,任务书可参照设计招标文件的样式下达,并应提供现状图一份。

3.2.2 大专院校或工矿企业绿化景观设计

实训目的

按照《城市绿化规划建设指标的规定》和《城市绿化条例》,能够掌握和应用城市公园设计的原则、方法、要点及种植设计的方式、树种的搭配与组合等。

实训内容

完成面积不超过 20 000 m^2 大专院校或工矿企业内部绿化景观的方案设计、植物种植设计、设计说明与设计概算的编制。

实训地点

园林专业绘图教室或计算机辅助设计室。

仪器及工具

序号	名　称	规　格	数量	备　注
1	图纸	A_2 或 A_1	若干张	硫酸纸、标准制图白纸
2	铅笔	HB、B_1	1 支	
3	针管笔	0.3、0.6、0.9	1 套	
4	绘图尺具	常规	1 套	
5	丁字尺	0.9m	1 把	
6	图板	A_2 或 A_1	1 块	

方法与步骤

（1）调查当地的土壤、水质、气象、植被等情况,了解适宜树种的选择范围,并了解学校或工厂企业的性质、文化内涵、人文特色,以便做到因地制宜,突出地方特色。

（2）到现场实测路面各组成要素的实际宽度及长度，也可通过其他方式获得，绘制出平面现状图。

（3）对所收集到的资料进行认真的分析和判断，以学校或工厂企业绿化设计的原则为理论指导，在充分保证学校或工厂企业用地规划经济、适用、美观、安全的前提下，运用合理的园林造景艺术手法。

（4）构思设计总体方案及种植形式，完成初步设计。

（5）绘制详细设计图纸，包括平面图、立面图、剖面图、效果图及植物图例等。

（6）编写学校或工厂企业绿化的设计说明书和设计概算。

实训要求

（1）根据所提供的现状图，经过认真的分析和外业踏查，做出合理的设计，并要求达到技术设计阶段。

（2）根据设计要求的深度绘制相应的园林图纸，做到设计合理，图面整洁、规范。

（3）编写设计说明和设计概算。

实训成果

（1）总平面图一幅，比例 1∶500。

（2）主要景区详细设计图一幅，比例 1∶100～1∶250。

（3）种植设计图及地形图一幅，比例 1∶100～1∶250。

（4）鸟瞰图或局部效果图一至两张。

（5）设计说明及设计概算一份。

考核标准

考核标准与 3.2.1 城市道路绿地设计实训考核标准相同。

设计任务书及现状图

由各学校根据人才培养目标、实训类课程标准和要求自定，任务书可参照设计招标文件的样式下达，并应提供现状图一份。

3.2.3 居住区绿化景观设计

实训目的

按照《城市居住区规划设计规范》和《城市绿化条例》，能够结合国家居住区设计规范，掌握和应用居住区绿化景观设计的原则、方法及要点，以及植物选择的要求。

实训内容

完成面积不超过 40 000 m² 居住区绿化景观方案设计、局部详细设计、设计说明与设计概算的编制。

实训地点

园林专业绘图教室或计算机辅助设计室。

仪器及工具

序号	名　称	规　格	数　量	备　注
1	图纸	A_2 或 A_1	若干张	硫酸纸、标准制图白纸
2	铅笔	HB、B_1	1 支	
3	针管笔	0.3、0.6、0.9	1 套	
4	绘图尺具	常规	1 套	
5	丁字尺	0.9m	1 把	
6	图板	A_2 或 A_1	1 块	

方法与步骤

（1）调查当地的土壤、水质、气象、植被等情况，了解适宜树种的选择范围，了解学校或工矿企业的性质、文化内涵、人文特色，以便做到因地制宜，突出地方特色。

（2）到现场实测基地的绿化范围，尤其是建筑物周边的实际宽度及长度，也可通过其他方式获得，绘制出平面现状图。

（3）对所收集到的资料进行认真的分析和判断，以居住区绿化设计的原则为理论指导，在充分保证居住区用地经济、适用、美观、安全的前提下，运用合理的园林造景艺术手法。

（4）构思设计总体方案及种植形式，完成初步设计。

（5）绘制详细设计图纸，包括平面图、立面图、剖面图、效果图及植物图例等。

（6）编制居住区绿化景观设计说明书和设计概算。

实训成果

（1）总平面图一张，比例1∶500。

（2）主要景区详细设计图一张，比例1∶100～1∶250。

（3）种植设计图及地形图一张，比例1∶100～1∶250。

（4）鸟瞰图或局部效果图一至两张。

（5）设计说明及设计概算一份。

考核标准

考核标准与3.2.1城市道路绿地设计实训考核标准相同。

设计任务及现状图

由各学校根据人才培养目标、实训类课程标准和要求自定，任务书可参照设计招标文件的样式下达，并应提供现状图一份。

3.2.4 城市中小型公园设计

实训目的

按照《公园设计规范》和《城市绿化条例》，能够掌握和应用城市公园设计的原则、方法、要点及种植设计的方式、树种的搭配等。

实训内容

完成面积不超过 20 000 m² 小型公园的方案设计、主要景区的详细设计、设计说明与设计概算的编制。

实训地点

园林专业绘图教室或计算机辅助设计室。

仪器及工具

序号	名称	规格	数量	备注
1	图纸	A_2 或 A_1	若干张	硫酸纸、标准制图白纸
2	铅笔	HB、B_1	1 支	
3	针管笔	0.3、0.6、0.9	1 套	
4	绘图尺具	常规	1 套	
5	丁字尺	0.9m	1 把	
6	图板	A_2 或 A_1	1 块	

方法与步骤

(1) 接受老师下发的综合性公园设计任务书。

(2) 对项目所在地的自然条件做详细的调查(包括气象、地形、土壤、水质、植被等情况),了解项目所在地的社会环境(历史人文、交通情况、现有设施、风俗民情等)。

(3) 收集相关的图文资料,寻找设计灵感。

(4) 勘察现场,了解基地现状,熟悉周围环境,并拍摄一些图片资料,为后期的设计文本做好准备。

(5) 对所收集到的资料进行认真的分析和判断,以综合性公园设计的原则为理论指导,运用园林艺术手法进行分区和造景设计,设计出能为广大市民游览、休息、观赏、开展文化娱乐活动、社交活动和体育活动的公共户外场所。

(6) 根据综合性公园设计要点,综合考虑建设单位要求、园林艺术、基地周围的特殊环境条件、工程技术、投资情况等各方面的因素,构思设计总体方案及种植形式,完成初步设计(草图设计),主要进行立意构思、功能划分、平面布局、园路组织等。

(7) 详细设计阶段,绘制设计图纸,包括平面图、立面图、剖面图、效果图、局部景观或景点的平面图、立面图、效果图及图例等。

(8) 设计成果编制阶段,包括正式图纸的制作,设计说明文字的补充与完善,编制设计概算,制作设计文本。

实训要求

(1) 根据所提供的现状图,经过认真的分析和外业踏查,做出合理的设计,要求达到技术设计阶段。绘制出一整套园林图纸。

(2) 根据设计要求的深度绘制相应的园林图纸,并做到设计合理,图面整洁、规范。
(3) 编写设计说明和设计概算,制作规范的设计文本。

实训成果

(1) 公园总体设计平面图一幅,设计比例1∶500。
(2) 功能分区图、景观布局图一幅。
(3) 道路结构图一幅。
(4) 竖向设计图一幅。
(5) 种植设计图一幅。
(6) 中心景区放大平面图、立面图和效果图一套,设计比例1∶100。
(7) 全园整体效果图一幅。
(8) 设计说明及设计概算一份。

考核标准

考核标准与4.2.1城市道路绿地设计实训考核标准相同。

设计任务及现状图

有一社区小游园,面积约10 000 m²,东、北临运河,西靠制药厂,南有一条社区道路与住宅区相连,具体现状如图3-1所示。

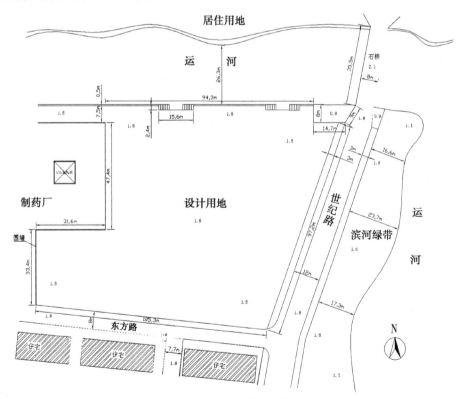

图3-1 社区小游园环状图

【知识链接】

城市公园设计知识提要

一、设计原则

（1）根据国家、地方的政策与法规，以城市总体规划为基础，进行科学设计，合理分布。

（2）因地制宜，充分利用自然地形和现有人文条件，有机组合，合理布局。

（3）充分体现"以人为本"的思想，为不同年龄段的人创造优美、舒适、便于健身、娱乐、交往的公共绿地环境。

（4）充分挖掘地方风俗民情，体现时代特征，借鉴国内外优秀造园经验，创造出有特色、有品味的园林。

（5）正确处理好近期规划与远期规划的关系，考虑园林的健康、持续发展。

二、规划布局的基本形式

（1）规则式。

（2）自然式。

（3）混合式。

三、影响公园设计的主要因素

（1）公园所在城市居民的习惯爱好。进行公园设施内容安排时要对该城市的风土人情、居民的习惯爱好等作详细的调查。

（2）公园在城市中的位置。一般位于城市中心地区的公园，人多，人流量比较大，因此要充分考虑游人活动的需要，可多设置一些活动设施和休息活动场地。而位于郊区的公园人流量相对比较小，可结合周围环境设置一些安静的休息环境。

（3）公园附近的城市市政文化设施情况，在这一点上一般本着避免重复建设的原则。

（4）公园自身面积的大小。

（5）公园自身的自然条件，要求因地制宜进行设计。

四、公园的活动内容

（1）观赏游览：观赏风景、山石、水体、名胜古迹、文物、花草树木、建筑、小品、雕塑、动物等。

（2）安静休息：品茗、垂钓、棋艺、散步、读书等。

（3）文化娱乐：电影、电视、音乐、舞蹈、戏剧，有俱乐部、游艺室、露天剧场等。

（4）儿童活动：游戏、娱乐、科普文化教育等。

（5）老年人活动：品茗、垂钓、棋艺、健身活动等。

（6）体育活动：球类、游泳、划船、溜冰、滑雪、爬山等。

（7）政治文化和科普教育：展览、陈列、阅览、科技活动、动物园、植物园等。

（8）服务设施：餐厅、茶室、休息室、小卖部、摄影间、电话亭、物品寄存处、垃圾箱、厕所等。

（9）园务管理：办公、会议、宿舍、食堂、电站、水塔、广播室、工具间、仓库、车库、温室、苗圃、花圃等。

五、功能分区规划

公园的分区应依据公园的自然条件(地形、土壤、水质、植被)、各功能区的特殊要求、公园的性质、活动内容、公园的面积大小、公园与周围环境的关系及公园出入口的位置等因素来划分。总之,应因地制宜,必要时可考虑穿插安排。

(1) 文化娱乐区:一般布置在公园的中部,与公园出入口有方便的联系,二者之间通常设置道路广场。可在本区设置露天文娱广场、展览馆、阅览室、音乐厅、茶座等主要建筑物,为了避免相互干扰,建筑物之间常用景墙、山石、密林等隔离。

(2) 观赏游览区:是公园中景色最优美的区域,以观赏、游览为主,通常设置小型动物园、植物专类园、盆景园、纪念区等。

(3) 安静休息区:多位于公园某次入口及其他两景区之间,在公园中占地面积往往超过60%,以密林、疏林草地、自然群落林为主要设计内容,供人们休息、散步、晨练、下棋和欣赏自然风景等,是老年人活动的主要场所。

(4) 体育活动区:根据各公园的定位,可设置小型体育运动场所,如网球场、游泳池、乒乓球馆及各类健身设施等,因对其他区域干扰较大,一般将体育活动区设置在交通方便的出入口周围。

(5) 儿童活动区:专为儿童设计的户外活动区域,为了考虑接送方便,一般设置在公园的某入口处。以布置滑梯、秋千、涉水池、电动游乐设施、吊绳等为主,周边考虑照看儿童的成人休息亭、廊架等,选用植物以高干乔木为主,忌用带毒、带刺、带飞毛或有强烈刺激性反应的品种。

(6) 园务管理区:是为公园经营与管理需要设置的区域,一般分散在各出入口处,除办公室、值班室和工具材料堆场外,重点考虑花圃、苗圃、盆景园等小型生产地。

六、景观布局

景观布局是从艺术欣赏的角度来考虑公园的布局的,除以功能划分空间外,往往还将园林中的植物季相景观、自然景色、艺术境界与人文景观作为划分标准,每一个景区有一个特色主题。如杭州花港观鱼公园,面积18公顷,共分为6个景区:红鱼池区、牡丹园区、大草坪区、鱼池古迹区、密林区、鲜花港区。

七、要点设计

(一) 公园出入口设计

公园出入口的设计,除了满足功能上游人的集散需求,还应考虑它在城市中所起到的景观效果,成为城市园林绿化的窗口,因此公园入口设计风格既要反映主题,又要与周围环境相协调。

公园主要出入口的设计内容有集散广场、园门、停车棚、售票处、围墙等,还应设立一些装饰性的花坛、水池、喷泉、雕塑、宣传牌、公园导游图等,如某城市假日公园主入口设计。次要出入口主要是为了方便附近居民,结合公园内布置的儿童乐园或小型动物园等专类园而设置的,一般应设计在城市交通流量不大的街道上,也应考虑有集散广场。专用入口主要为园务管理人员而设,一般不对市民开放,入口只需考虑回车的空间。

(二) 公园的地形设计

地形设计应遵循因地制宜的原则,除了考虑利用地形、地貌造景外,还应充分利用地形

为植物生长创造良好的环境。具体设计要点如下:

(1) 地形处理上,应以公园绿地需要为主要依据,充分利用原有地形、景观,创造出自然和谐的景观骨架。平地应铺设草坪或铺装地,供游人开展娱乐活动;坡地应尽量利用原有山丘改造,与配景山、平地、水景组合,创造出优美的山体景观。如上海长风公园铁臂山,是以挖银锄湖的土方在北岸堆起的土山,主峰最高达26m,是全园的制高点,与开阔的水面形成了鲜明的对比。铁臂山周围布置了高低起伏的次峰,其间有幽谷、流泉、洞壑。游人可在不同的方位和距离上看到有变化的山岚景观,同时高低起伏的地形也为园林植物营造了良好的生长环境。

(2) 因地制宜,合理地安排活动的内容和设施。如广州的越秀公园,利用山谷低地建游泳池、体育场、金印青少年游乐场,利用坡地修筑看台,开挖人工湖,在岗顶建五羊雕像等。

(3) 公园地形设计中,竖向控制应包括以下内容:山顶标高,湖池的最高水位、常水位、最低水位、池底、驳岸顶部等标高,园路的主要转折点、交叉点、变坡点,主要建筑物的底层、室外地坪,各出入口内外地面、地下工程管线及地下构筑物的埋深。为了保证公园内游人的安全,水体深度一般控制在1.5~1.8m之间,硬底人工水体的近岸2m范围内水深不得超过0.7m,超过者应设护栏。

(三) 公园的园路设计

1. 交通功能应从属于浏览要求

园林道路的设计不以便捷为准则,而应根据地形要求、景点布置等因素,因地制宜进行设计。特别是对于小园子要注意浏览线路的长度,以便使人"小中见大"的感觉。

2. 主次分明,方向明确

要求园林道路分级明确,且具有明确的导向性。

3. 因地制宜,因景筑路

公园道路的布局要因地制宜,和地形密切配合。例如,山水公园的园路要环山绕水,但不应与水平行。因为依山面水,活动人次多,设施内容多。平地公园的园路要弯曲柔和,密度可大,但不要形成方格网状。山地公园的园路纵坡应设置在12%以下,弯曲度大,密度应小,可形成环路,以免游人走回头路。大山园路可与等高线斜交,蜿蜒起伏;小山园路可上下圆环起伏。

4. 道路的曲折迂回

当园路遇到建筑、山水、树木、陡坡等障碍时,必然会迂回曲折,产生弯道。弯道在园林中有组织景观的作用。自然式园路的曲折迂回不能矫揉造作,一忌曲折过多,二忌曲率半径相等,三忌此路不通。

5. 注意路的疏密变化

园路的疏密度应根据景区的性质、地形及人流量等因素确定。安静休息区的园路疏密度应小,文化娱乐区的应大些,地形复杂的地段应小,游人多的地段应大。

6. 园路的交叉与分岔

两条园路相交为交叉;路遇地面物或设障景时分岔,其路宽度不变,若由主路分出次路,或由次路分出小路,其宽度改变,该分岔一般在曲线外侧。园路的交叉与分岔,必然会产生交叉口。两条主干道相交时,交叉口应作扩大处理,并作正交方式,形成小广场,以方便行车、行人。小路应斜交,但不应交叉过多,两个交叉口不宜太近,要主次分明,相交角度不宜太小。

丁字交叉口是视线的焦点,可点缀风景。上山路与主干道交叉要自然,藏而不显,又要吸引游人入山。纪念性园林路可正交叉。

7. 园路与桥

桥是园路跨过水面时所形成的一种特殊的建筑形式。其风格、体量、色彩必须与公园总体设计、周围环境协调一致。桥的作用是联络交通,创造景观,组织导游,分隔水面,保证游人通行和水上渡船通航的安全,并有利于造景、赏景。

但是,在进行园桥设计时,一般要注意承载和游人流量的最高限额。桥应架设在水面较窄处。主干道上的桥应以平桥为宜,拱度要小,桥头应设广场,以利于游人的集散;可偏居水面一隅,贴近水面;大水面上的桥,要讲究造型、风格,而且要起到丰富层次、避免水面单调的作用,一般桥下还要方便通航。

8. 园路与建筑

园路通往大建筑时,为了避免游人干扰建筑物内部的活动,可在建筑物前设置集散广场,使园路由广场过渡后,再和建筑物联系;当园路通往一般建筑物时,可在建筑物前适当加宽路面,或形成分支,以利于游人分流。园路与建筑物联系时一般不穿过建筑物,而是从建筑物的四周绕过。

另外,在进行园路设计时,路面上雨水口及其他井盖应与路面平齐,井盖孔洞应小于 20cm×20cm,且路边不宜设明沟排水。可供轮椅通过的园路应设国际通用的标志。

(四)公园的植物种植设计

(1)满足功能要求,并与山水、建筑、园路等自然环境和人工环境相协调。如南京玄武湖公园广阔的水面、湖堤,栽植大片荷花和婀娜多姿的垂柳,与周围的山水城墙相映成趣。

(2)宜选用乡土树种为公园的基调树种,适当引进新品种作为新的观赏内容。不同城市公园宜选择乡土树种为基调树种,既经济实惠又有地方特色,如上海复兴公园的二球悬铃木,武汉解放公园的池杉林,广州晓港公园的竹林,长沙橘洲公园的橘林。

(3)利用植物的季相变化和生命周期现象,营造优美的植物景观。如杭州花港观鱼春夏秋冬四季景观变化鲜明,春有牡丹、樱花、桃花;夏有广玉兰、荷花;秋有桂花、槭树;冬有蜡梅、雪松。

(4)通过乔木、灌木、草坪有机组合,形成自然式的人工混交林,充分发挥植物的生态效益。

(引自北京林业大学组编:《园林专业综合实训指导》,白山出版社2003年出版)

3.2.5 屋顶花园设计

实训目的

按照《城市绿化规划建设指标的规定》和《城市绿化条例》,能够掌握和应用屋顶花园设计的原则、方法、要点及植物种植床设计要求等。

实训内容

完成面积不超过 10 000 m² 屋顶花园的方案设计、主要景点的详细设计、设计说明与设计概算的编制。

实训地点

园林专业绘图教室或计算机辅助设计室。

仪器及工具

序号	名称	规格	数量	备注
1	图纸	A_2 或 A_1	若干张	硫酸纸、标准制图白纸
2	铅笔	HB、B	1 支	
3	针管笔	0.3、0.6、0.9	1 套	
4	绘图尺具	常规	1 套	
5	丁字尺	0.9m	1 把	
6	图板	A_2 或 A_1	1 块	

方法与步骤

（1）接收屋顶花园的设计任务书，明确设计的目标；要将设计项目分配给设计班组，每个设计项目具体由组长或设计师负责。首先应仔细地阅读任务书，重点应把握好设计的目标及场地的性质和功能要求。

（2）针对设计的要求，查找和收集相关的参考资料，带好图纸到基地现场进行勘察，分析楼面各区位的环境条件，划出常年无光照的阴区和强光照的阳区，圈出楼面的承重部位和落水口。

（3）结合本节的知识点，进行草图设计，主要内容包括确定立意，划分功能区和设计景观点。这一阶段的设计成果通常包括设计总平面图、功能分区图、景观布局图和整体鸟瞰图等，往往因屋顶花园的设计规模较小，可以将功能分区图和景观布局图的表达内容合并到总平面图上。

实训成果

（1）屋顶花园总体设计平面图一幅，设计比例 1∶500。

（2）种植区构造设计图一幅。

（3）植物种植设计图一幅。

（4）全园整体效果图一份。

（5）局部效果图一份。

（6）设计说明及设计概算。

考核标准

考核标准与 3.2.1 城市道路绿地设计实训考核标准相同。

说明：本次设计，教师可根据当地情况选择一个比较合适的设计任务，要求学生进行设计,此处不作统一要求。

3.2.6 现代亭设计

设计背景和条件

某居住区的中心景观区湖面南岸有一处铺装广场(西临居住区主要道路),主要供居民晨练、休憩、赏景;拟在该处铺装广场临水平台上建造一座现代亭,供居民休憩娱乐。平台与广场具体关系及尺寸详见图3-2。

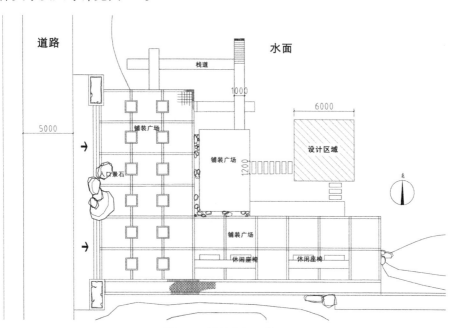

图3-2 铺装广场现状图

实训要求

(1) 现代亭外型满足一定的造景要求,并与周围环境相协调。
(2) 现代亭的尺度比例关系适宜。
(3) 表现技法灵活多样,图面整洁、美观。

设计成果

(1) 建筑平面图1∶50(A2绘图纸)。
(2) 建筑立面图1∶50。
(3) 建筑效果图,表现手法自定。
(4) 设计说明(设计构想的要点,不少于100字)。

考核时间

240分钟。

评分标准

（1）构思立意与设计定位。（10分）

（2）现代亭的审美性与功能实用结合情况。（40分）

（3）比例尺度适宜。（20分）

（4）图面表现与文字表达。（30分）

3.2.7　计算机辅助园林工程图绘制

实习地点及条件

计算机辅助设计室，装有 AutoCAD 2004 以上版本软件，保证每位学生能独立上机操作，一般计算机数不少于45台。

考试时间与内容

考试时间为120分钟，考核内容为：（1）图层设置；（2）作图方法与步骤；（3）绘图结果；（4）文字与尺寸标注；（5）绘图熟练程度。

工程图绘制示例

先创建如下图层，再分别将不同性质的对象绘制在图3-3和图3-4上：

图层名称	颜　色	线　型	线　宽
图形	白色	continuous	0.3mm
虚线	蓝色	dashed	默认
填充	绿色	continuous	默认
尺寸标注	青色	continuous	默认
文字标注	红色	continuous	默认

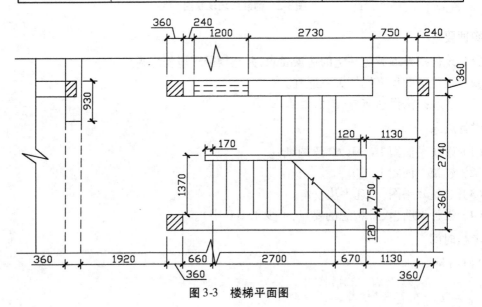

图3-3　楼梯平面图

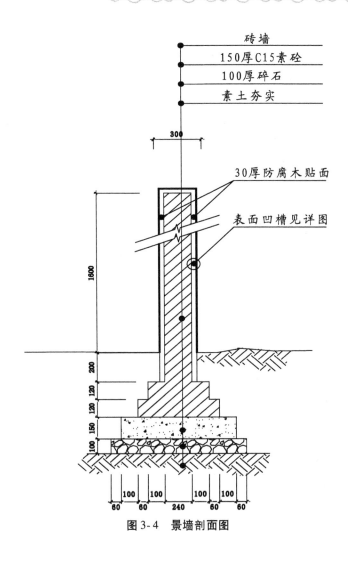

图 3-4 景墙剖面图

评分标准

（1）检查图形文件并核对标题栏内容。（15分，图层、图幅和标题栏每项各占5分）
（2）绘制几何组合图形。（85分）
① 作图方法：（20分）

图线漏画多画	每线	2分
文字漏写错写	每字	1分

② 图面质量：（30分）

包括颜色错误	每类	2分
线形错误	每线	1分
图线之间接口不好	每处	1分
残留污迹	每处	1分
其他错误	每处	1分

③ 其他标准:(10分)

填充图案类型、比例、角度错误	每处	2分

④ 尺寸标注:(20分)

漏标尺寸	每个	2分
尺寸标注不完整或有错	每个	1分

⑤ 文件存储。(5分)

【知识链接】 居住区景观设计招标文件样式

×× 居住区环境景观设计招标文件

1. 投标须知

序 号	内 容
1	建设单位:×××有限公司
2	工程名称:××居住区环境景观设计 建设地点:湘江路以北,珠江路以西 设计工期:30天 招标范围:××居住区一期工程环境景观设计
3	投标文件:A3规格副本数为2份
4	投标文件递交至单位:×××有限公司,地址:××路×××号
5	投标日期:2008年10月25日
6	开标时间:2008年10月25日下午15点 地点:××路×××号

2. 设计范围界定

环境景观设计范围界定:东起长江路西侧道路线,南到珠江西路南侧红线再向南25m,西到黄河路西侧红线,北至湘江路北侧红线。

3. 设计招标内容

(1) 本次设计招标内容包括一期工程环境景观设计。

(2) 小区内河道景观设计。

4. 投标报价说明

投资造价报价表,包括工程量清单,绿化部分报价按苗木市场价加种植费,不计任何费率。设计概算定额按江苏省《2007年江苏省仿古建筑及园林工程单位估价表》计算。

5. 提供设计资料

(1) 本招标文件和电子文件。

(2) 一期工程建筑总平面图电子文件。

(3) 小区规划红线图。

6. 环境景观设计要求

(1) 本次招标为环境景观方案设计招标。

(2) 突出"以人为本、尊重场所精神,人与自然和谐共生"的指导思想。

(3) 社区环境景观设计要有明显的特色和个性,景观设施要考虑对人性的关注。

(4) 突出环境景观的平面和立体设计,强调社区环境的理念,在社区环境景观的营造上不能以简单的绿化代替。

(5) 必须充分考虑入住居民生存、生活、文化的需求,创造舒适的人文环境,提高居住品质,让入住的居民生活得更加舒适、方便、宁静、自然。

(6) 主干道为黑色路面,位置不作变动,其他道路和进入每个单元入口的道路为庭院型道路,结合绿地设计,与绿地融为一体。

(7) 绿化设计应符合国家和江苏省地方标准。

7. 投标文件的编制内容

(1) 设计说明书。

(2) 彩色效果图:总平面设计图(1∶1 000);主要景观节点平面和透视图各不少于5张,规格均不小于A2。

(3) 标书副本。

(4) 本方案的设计概算报价表。

(5) 全套电子标书文件光盘(PSD格式和JPG压缩格式)。

8. 投标保证金

本工程不设投标保证金。

9. 标书补偿费

中标单位将给予5万元(人民币)的奖励,获得优胜的单位将给予2万元(人民币)的奖励。

10. 标书投送要求

(1) 标书内容齐全,字迹、图面清晰,不用图签,不注单位名称,不署个人姓名,不作任何可辨认身份的标识。

(2) 标书副本规格为A3尺寸。

(3) 标书应密封投送。

11. 开标、评标和决标

(1) 开标:在所有投标单位法定代表人或授权代表在场的情况下,招标单位将于前附表第6项规定的时间和地点举行开标会议,参加开标的投标单位代表应签名报到,以证明其出席开标会议。

(2) 评标原则和办法:评标由评标小组民主评议、记名投标;以自然多数票选出2个优胜方案,在2个优胜方案中,最后确定1~2个中标方案;如有2/3票数认为所有投标文件不能作为优胜方案,则本次招标不产生中标单位,将重新招标。

(3) 决标:评标委员会通过评审标书,在评标报告中推选出备选中标方案,招标单位与备选中标人进行商谈。

(4) 商谈的主要内容如下:可能涉及探讨修改或补充原投标方案的可行性,以及将其他投标人的某些设计特点融于该设计方案之中的可能性等有关问题。

12. 承包费用

设计方案中标单位将承包本工程施工图设计,费用待双方商定。

发标单位：×××有限公司
日　期：2008 年 9 月 25 日

【实训建议】

（1）实训开始之前,建议组织学生参观中国优秀园林艺术作品,如北京的颐和园、北海、植物园等,苏州的留园、拙政园、网师园、沧浪亭等,杭州的西湖景观及植物园,上海的世纪公园和延安中路高架下的城市中心绿地,扬州的瘦西湖、个园、何园等;以及各地区的典型园林绿地,以居住区绿地、道路绿化、城市各类公园为学习重点,进行植物品种的调研、分析与汇总。

（2）设计内容必须符合国家和地方制定的现行标准、规范、要求,如《风景园林图例图示标准》、《公园设计规范 CJJ 48—92》、《园林基本术语标准》、《城市道路绿化规划与设计规范》、《城市居住区规划设计规范》、《城市绿化规划建设指标的规定》等等;同时可参考园林规划设计、园林建筑、园林艺术、园林植物等教材以及相关资料。

（3）本教材在使用过程中可根据不同的教育层次、专业方向、计划时数,选择不同难度的实训模式。每个学校应以服务地方经济发展的需要,结合人才培养目标,从"4.2 各类园林绿地设计实训"中选择 1～2 个作为设计任务布置,尽量能仿效设计招投标的模式,做到真题真做。

本章小结

本章主要对园林测绘的技能和各类园林绿地、建筑设计安排实训,对每一项技能进行全面的安排,包括方法步骤、时间安排、考核指标等,具有很强的操作性和实用性。主要内容包括：距离丈量、点位测设、园林平面图测绘、计算机辅助园林工程图绘制,它是本章的基础;园林工程放样测量,是施工前的基础性工作;城市道路绿地规划设计、大专院校或工矿企业绿化景观设计、居住区绿化景观设计、城市小型公园的规划设计、屋顶花园的设计等都是高职院校园林技术和园林工程技术专业的学生必须掌握的技能。

复习思考

请你谈谈对高职教育中实践性教学环节重要性的认识。

考证提示

通过一定时间的练习可以报考园林设计员。

第4章 园林工程预算与施工实训

本章导读

园林工程预算与施工是园林技术和园林工程技术类专业的重要技能之一。本章主要包括：园林工程施工放样、园林工程图绘制、园林工程施工及组织验收等内容。

实训目标 熟练掌握园林工程施工放样方法、园林工程图绘制方法、园林工程施工及组织方法；能够独立绘制中小型绿地的施工图；能够独立编制工程图预算；能够分组合作编制施工组织设计。

4.1 园林工程施工放样

实训目的

掌握园路放样、假山放样、挖湖放样、园林植物种植放样的测设方法。

实训内容

园路放样、堆山放样、挖湖放样、园林植物种植放样。

实训地点

校内实训基地或校外园林场所。

仪器与工具

序 号	工具名称	规 格	数 量	备 注
1	施工图纸		1张	中小型绿地
2	经纬仪		1台	

续表

序 号	工具名称	规 格	数 量	备 注
3	卷尺	50m	1把	
4	标杆	2m	4根	
5	丈绳	细	1卷	
6	木桩	高20~30cm	若干	
7	铁锤		1把	
8	白石灰		1桶	

另外,丁字尺、铅笔、计算器、橡皮等绘图工具自备。

方法与步骤

1. 园路放样测量

(1) 在实训场内设计30~50m步行园道,用平板仪或经纬仪测出路中心的交叉点、转弯点、坡度变化点,曲线的起点、中点、终点。

(2) 选择一个填方及一个挖方的中线桩,测设其边坡桩。

2. 堆山放样

(1) 在实训场内设计一个大小约30m×20m、高约5m的堆填山体。

(2) 用平板仪或经纬仪测堆填山,设计等高线 H_i 的各个转折点,并打上木桩。

(3) 用绳子将等高线按设计形状在地面标出并撒上白灰线。

(4) 用水准仪测出现在各转折点桩的高程 H_{ij}。

(5) 计算各桩填方高度 $h_{ij} = H_{ij} - H_i$,并标明于桩的侧面;若高度允许,则在各桩点插设标杆,并划线标出填高。

3. 挖湖放样

(1) 实训场内设计一个大小大约30m×20m、深约2m的人工湖。

(2) 用平板仪或经纬仪将设计的水体边界各转折点测设到地面上,打上木桩,用白灰按水体边界设计形状将各转折点连接起来。

(3) 在水体内选择若干个点位并打上木桩。

(4) 用水准仪测出边界及水体内各桩点现有的高程 H_i。

(5) 计算边界桩的填高 $h_i = H_{现} - H_i$,并注于桩的侧面上。

(6) 计算边界内各桩挖的深度 $h_i = H_{现} - H_i$,并注于桩的侧面上。

4. 园林植物种植放样

(1) 园林植物种植测设的要求。

园林植物种植有两种形式,一种为单株种植,另一种为丛植。单株种植的测设应在实地上测设出种植的几何中心位置,打上木桩,写明树种、胸径(或地径)、树高等。丛植的测设则类似堆山测设等高线一样,把边界转折点位置测出,然后用长绳将范围界线按设计形状在地面标出并撒上白灰线,在范围内打上木桩,在木桩上写明树种名称、株数、高度、地径或胸径等。

(2)测设方法。

① 类似园路、堆山、挖湖的放样方法。

② 根据种植植物与道路的关系,用支距法测出种植植物的位置。

③ 若种植植物与地物、地貌特征点较近,则可以用距离交会法测设。

④ 若施工现场已建立施工控制网,则可以用直角坐标法定位。

(3)测设具体内容。

根据教师提供的设计图,测设出一个单株种植植物的实地位置,钉上木桩,写明树种、胸径(或地径)、树高等;测设出一个丛植植物的范围界线,然后用长绳将范围界线按设计状在地面标出并撒上白灰线,在范围内打上木桩,木桩上写明树种名称、株数、高度、地径或胸径等。

实训成果

(1)放样数据计算及放样简图。

(2)水准测量记录表。

(3)各桩点填挖高计算表。

(4)编写实习报告。

考核评分

1. 操作过程(50分)

(1)工序规范程度(常规工序:量尺—打桩—拉线—撒石灰);(35分)

(2)操作熟练程度。(15分)

2. 操作效果(30分)

与施工图进行校核,根据点位、范围准确率、放样效果等进行评分。

3. 口试回答(20分)

由实训老师根据具体情况,提1~2个问题,按回答情况给分。

4.2 园路工程预算编制

实训目的

掌握园路工程预算规则与方法,根据各地实际情况选择有代表性的一段园路即可。

实训地点

校内实训室或专业教室。

指导教师要求

具备园林预算员或造价工程师资格,或者从事过园林工程招投标及工程施工管理的教师。

实训材料

园路结构设计图、预算定额、预算表格、主材市场价格。

实训主要内容及进程安排

1. 阅图

认真阅读实习老师提供的园路施工图纸及设计说明书,明确预算目标。

2. 计算园路工程量

根据施工图纸并结合施工方案,按照一定的计算顺序,逐一列出单位工程施工图预算的分项工程项目名称。所列的分项工程项目名称必须与预算定额中相应的项目名称一致。

(1) 园路包括垫层、面层,垫层缺项可按第一层楼地面工程相应项目定额执行,其合计工日乘系数1.10,块料面层中包括的砂浆结合层或铺筑用砂的数量不调整。

(2) 如用路面材料铺的路沿或路牙,其工料、机械台班费已包括在定额内,如用其他材料或预制块铺的,按相应项目定额另外计算。

(3) 工程量计算规则:① 各种园路垫层按设计图示尺寸,两边各放宽5cm乘厚度以立方米(m^3)计算;② 各种园路面层按设计图示尺寸,长×宽按$10m^2$计算。

(4) 园路土基整理工作内容:厚度在30cm以内挖、填土、修平夯实、整修,弃土2m以外;量以$10m^2$计算。

(5) 垫层工作内容:筛土、浇水、拌和、铺设、找平、灌浆、震实、养护。细目划分按砂、灰土、煤渣、碎石、混凝土分别列项。

(6) 面层工作内容:放射线、整修路槽、夯实、修平垫层、调浆、铺面层、嵌缝、清扫。细目划分:① 卵石面层:按彩色拉花、素色分别列项;② 现浇混凝土面层:按纹形、水刷分别列项;③ 预制混凝土块料面层:按方格、异形、大块、假冰片分别列项;④ 石板面层:按方整石板、乱铺冰片分别列项;⑤ 八五砖面层:按平铺、侧铺分别列项;⑥ 其他面层:按瓦片、碎缸片、弹石片、小方碎石、六角板分别列项。

3. 套用定额,计算直接费

首先要调整计量单位,将计算的绿化工程量按预算定额中相应项目规定的计量单位进行调整,使计量单位口径一致,便于查定额计算直接费。

直接费主要由人工费、材料费和机械使用费组成,三者之和为定额基价。

4. 计算工程总造价

计算园路工程预算造价的程序依此为:

(1) 计算园路工程直接费。

(2) 根据间接费率,计算间接费,包括施工管理费与其他间接费。

(3) 根据企业差别利润率,计算差别利润。

(4) 根据地方园林工程规定税率,计算税金。

(5) 将以上费用求和,统计园路工程预算总造价。

5. 预算审查,找出差错的原因

(1) 匆匆忙忙、疏忽大意,分部分项子目列错,重项或漏项。

(2) 工程量算错,一是计算数字错误,二是工程量的计量单位与定额表上所示计量单位不相符,如定额表上所示计量单位为10m,工程量计算数字是560m,则在工程计算表上的工程数量项填56。

(3) 单价套错,在计取分部分项子目的人工单价、材料费单价、机械费单价时没有套对定额。

(4) 费率取错,没有按规定读取,越级计取,套大不套小。

(5) 各项费用计算差错,对于直接费、其他直接费、现场经费、间接费、差别利润、税金等各项费用,在计算数字上有差错,以致使整个工程总造价有错误。

6. 编制园路工程预算书

园林工程预算书包括编制说明、单项工程构成表、单位工程构成表、分部分项工程预算表、材料价差分析表、园林工程预算造价计算程序表。

实训成果

每人上交一套园路工程预算书(含工程量计算清单)。

评价标准

(1) 园路工程量计算过程与结果;(30分)

(2) 工程直接费计算过程与结果;(30分)

(3) 间接费、差别利润、税金等各项费用计算;(20分)

(4) 预算书的编制符合规范。(20分)

4.3 园林小品工程预算编制

实训目的

掌握园林小品工程预算,根据各地实际情况选择有代表性的一段园林小品即可。

实训地点

校内实训室或专业教室。

指导教师要求

具备园林预算员或造价工程师资格,或者从事过园林工程招投标及工程施工管理的教师。

实训材料

园林小品结构设计图、标准图集、预算定额、预算表格、主材市场价格。

实训主要内容及进程安排

1. 阅图

认真阅读实习老师提供的园林小品施工图纸及设计说明书,明确预算目标。

2. 园林小品工程量计算

根据施工图纸并结合施工方案,按照一定的计算顺序,逐一列出单位工程施工图预算的分项工程项目名称。所列的分项工程项目名称必须与预算定额中相应的项目名称一致。

(1) 园林小品指园林建设中的工艺点缀品,艺术性较强,包括堆塑装饰和小型预制钢筋混凝土、金属构件等小型设施。

(2) 园林小摆设系指各种仿匾额、花瓶、花盆、石鼓、座凳及小型水盆、花坛、花池、花架预制件。

(3) 堆塑装饰工程分别按异型面积以 $10m^2$ 计算,塑松棍(柱)、竹分别按不同直径工程量以 10 延长米计算。

(4) 小型设施工程量:预制或现捣水磨石景窗、平凳、花檐、角花、博古架、飞来椅等的工程量,按尺寸以 10 延长米计算;木纹板工程量以 $10m^2$ 计算;预制钢筋混凝土和金属花色栏杆工程量以 10 延长米计算。

(5) 堆塑装饰按塑(松棍)、竹棍分别列项;工作内容为钢筋制作、绑扎、调制砂浆、底面层抹灰及现场安装;预制塑松棍按直径档位分别列项,塑松皮柱按直径档位分别列项,塑黄竹、塑金丝竹按直径档位分别列项;工程量以 10 延长米计算。

(6) 水磨石小品工作内容包括制作、安装及拆除模板,制作及绑扎、制作及浇捣混凝土,砂浆抹平,构件养护,面层磨光,打蜡擦光。

(7) 现场安装项目内容及工程量计算:① 景窗按断面积档位、现场与预制分别列项,工程量按 10 延长米计算;② 平板凳按预制与现浇分别列项、工程量按 10 延长米计算;③ 花檐、角花、博古架均按断面积档位分别列项,工程量按 10 延长米计算;④ 木纹板制作按面积(m^2)计算,安装按 $10m^2$ 计算;⑤ 飞来椅以 10 延长米计算。

(8) 小摆设及混凝土栏杆工作内容包括放样、挖、做基础,调运砂浆、砌砖、抹灰,模板制作、安装、拆除,钢筋制作、绑扎,混凝土制作、浇捣、养护、清理。

小摆设及混凝土栏杆工程量计算:① 砌砖小摆设按砌体体积以立方米计算,砌体抹灰按异型面积以 $10m^2$ 计算;② 预制混凝土栏杆按断面尺寸、高度分别列项,工程量以 10 延长米计算。

(9) 金属栏杆工作内容:钢材校正、画线下料(机剪或氧切)、平直、钻孔、弯、锻打、焊接,材料、半成品及成品场内运输,整理堆放,除锈,刷防锈漆一遍,刷面漆、调和漆各一遍,放样、挖坑、安装校正、灌浆覆土、栏杆刷白灰水、养护。按简易、普通、复杂分别列项,工程量以 10 延长米计算。

3. 套用定额,计算工程直接费

直接费首先要调整计量单位,将计算的园林小品工程量按预算定额中相应项目规定的计量单位进行调整,使计量单位口径一致,便于查定额计算直接费。直接费主要由人工费、材料费和机械使用费组成,三者之和为定额基价。

4. 计算工程总造价

计算园林小品工程预算造价的程序依此为:

(1) 计算园林小品工程直接费。

(2) 根据间接费率,计算间接费,包括施工管理费与其他间接费。

(3) 根据企业差别利润率,计算差别利润。

(4) 根据地方园林工程规定税率,计算税金。

(5) 将以上费用求和,统计园林小品工程预算总造价。

5. 预算审查,找出差错的原因

预算审查内容与步骤与园林工程预算编制审查相同。

6. 编制工程预算书

园林小品工程预算书编制内容与园林工程预算书相同。

实训成果

每人上交一套园林小品工程预算书(含工程量计算清单)。

评价标准

(1) 园林小品工程量计算过程与结果;(30 分)

(2) 工程直接费计算过程与结果;(30 分)

(3) 间接费、差别利润、税金等各项费用计算;(20 分)

(4) 预算书的编制符合规范。(20 分)

4.4 假山及塑假石山工程预算编制

实训目的

掌握假山及塑假石山工程预算,根据各地实际情况选择有代表性的一段园林小品即可。

实训地点

校内实训室或教室均可。

指导教师要求

具备园林预算员或造价工程师资格,或者从事过园林工程招投标及工程施工管理的教师。

实训材料

假山结构设计图、预算定额、预算表格、主材市场价格。

实训主要内容及进程安排

堆砌假山包括湖石假山、黄石假山、塑假石山等,根据各地情况灵活掌握选择。

1. 阅图

认真阅读实习老师提供的假山及塑假石山施工图纸及设计说明书,明确预算目标。

2. 假山工程量计算

根据施工图纸并结合施工方案,按照一定的计算顺序,逐一列出单位工程施工图预算的分项工程项目名称。所列的分项工程项目名称必须与预算定额中相应的项目名称一致。

(1) 堆砌湖石假山、黄石假山、塑假石山等,除假山基础注明者外,套用第一册相应定额。

(2) 砖骨架的塑假石山,如设计要求做部分钢筋骨架时应进行换算。钢骨架的塑假石山未包括基础、脚手架、主骨架的工料费。

(3) 假山工程量按实际堆砌的石料以"吨"(t)计算,计算公式:

堆砌假山工程量(t) = 进料验收的数量 - 进料剩余数

(4) 塑假石山的工程量按其外围表面积以"平方米"(m^2)计算。

(5) 堆砌假山工作内容:放样、选石、运石,调、制、运砂浆(混凝土);堆砌,搭、拆简单脚手架;塞、垫、嵌缝、清理、养护。

(6) 湖石假山、黄石假山、整块湖石峰、人造湖石峰、人造黄石峰、石笋安装、土山点石按高度档位分别列项;布置景石按重量(t)档位分别列项;自然式护岸是按湖石计算的,如采用黄石砌筑,则湖石换算成黄石,数量不变。

(7) 塑假石山工作内容:放样划线、挖土方、浇捣混凝土垫层;砌骨架或焊钢骨架、挂钢网、堆砌成型。

(8) 砖骨架塑假山按高度档次分别列项,如设计要求做部分钢筋骨架时应进行换算;钢骨架塑假山:基础、脚手架、主骨架的工料费没有包括在内,应另行计算。

3. 套用定额,计算直接费

首先要调整计量单位,将计算的假山工程量按预算定额中相应项目规定的计量单位进行调整,使计量单位口径一致,便于查定额计算直接费。直接费主要由人工费、材料费和机械使用费组成,三者之和为定额基价。

4. 计算工程总造价

计算假山工程预算造价的程序依次为:

(1) 计算假山及塑假石山工程直接费。

(2) 根据间接费率,计算间接费,包括施工管理费与其他间接费。

(3) 根据企业差别利润率,计算差别利润。

(4) 根据地方园林工程规定税率,计算税金。

(5) 将以上费用求和,统计假山及塑假石山工程预算总造价。

5. 预算审查,找出差错的原因

假山及塑假山工程预算审查内容和步骤与园林工程预算编制审查相同。

6. 编制工程预算书

假山及塑假山工程预算书编制内容与园林工程预算书相同。

实训成果

每人上交一套假山及塑假石山工程预算书(含工程量计算清单)。

评价标准

(1) 假山及塑假石山工程量计算过程与结果;(30分)

(2) 工程直接费计算过程与结果;(30分)

(3) 间接费、差别利润、税金等各项费用计算;(20分)

(4) 预算书的编制符合规范。(20分)

4.5 城市小游园预算编制

实训目的

重点掌握园林绿化工程的预算,熟悉绿化工程量的计算,熟悉苗木规格的换算,了解市场行情。根据各地实际情况选择一个有代表性的小游园即可。

实训地点

校内实训室或专业教室。

指导教师要求

具备园林预算员或造价工程师资格,或者从事过园林工程招投标及工程施工管理的教师。

实训材料

城市小游园绿化种植设计图、预算定额、预算表格、主材市场价格。

实训主要内容及进程安排

1. 阅图

认真阅读实习老师提供的城市小游园施工图纸及设计说明书,明确预算目标。

2. 绿化工程量计算

根据施工图纸并结合施工方案,按照一定的计算顺序,逐一列出单位工程施工图预算的分项工程项目名称。所列的分项工程项目名称必须与预算定额中相应的项目名称一致。

顺序依次为:绿地面积、常绿乔木、落叶乔木、常绿灌木、落叶灌木、花卉地被、绿篱、草坪、攀援植物、水生植物。

(1) 种植前的准备、种植时的用工用料和机械使用费,以及花坛栽培后10天以内的养护工作。

(2) 基价中未包括苗木、花卉价格,在使用时应按市场苗价另行计算。

(3) 定额不包括种植前清除建筑垃圾及其他障碍物。种植后包括绿化地周围2m内的清理工作。

(4) 起挖或栽植树木均以一、二类土为计算标准。如为三类土,人工乘以系数1.34;四类土,人工乘以系数1.76;冻土,人工乘以系数2.20。

(5) 本定额以原土回填为准,如需土,按"换土"的定额另行计算。

(6) 栽植树木需支撑,按"树木支撑"的定额计算。

(7) 绿化工程均包括施工地点50m内的材料搬运。超过运距时,另行计算运距费用。

3. 查定额计算直接费

首选要调整计量单位,计算的绿化工程量按预算定额中相应项目规定的计量单位进行调整,使计量单位口径一致,便于查定额计算直接费。直接费主要由人工费、材料费和机械使用费组成,三者之和为定额基价。

4. 计算工程总造价

计算绿化工程预算造价的程序依次为:

(1) 计算城市小游园工程直接费。

(2) 根据间接费率,计算间接费,包括施工管理费与其他间接费。

(3) 根据企业差别利润率,计算差别利润。

(4) 根据地方园林工程规定税率,计算税金。

(5) 将以上费用求和,统计城市小游园工程预算总造价。

5. 预算审查,找出差错的原因

城市小游园预算审查内容与步骤与园林工程预算编制审查相同。

6. 编制工程预算书

城市小游园工程预算书编制内容与园林工程预算书相同。

实训成果

每人上交一套城市小游园工程预算书(含工程量计算清单)。

评价标准

1. 城市小游园工程量计算过程与结果;(30 分)
2. 工程直接费计算过程与结果;(30 分)
3. 间接费、差别利润、税金等各项费用计算;(20 分)
4. 预算书的编制符合规范。(20 分)

4.6 园林工程施工

实训时间

本实训建议安排在秋末冬初,或春季,时间为 3 周,为期 21 天。

实习地点

根据各学校及学生本人的具体情况,选择具有代表性的园林绿地施工现场。

实训指导人员要求

园林工程教师、施工单位技术员及现场施工的工匠。

实训内容及方法

提供一套小游园的施工图纸及设计说明书。

一、自然地形放线

1. 自然地形的放线

(1) 材料及工具:

施工图、经纬仪、标尺、丈绳、木桩、石灰等。

（2）放线方法：

自然地形的放线比较困难，尤其是在缺水永久性地面物的空地上。一般以下面的方法进行施工放线：

① 按照地形的大小及复杂程度在施工图上设置方格网。

② 用经纬仪将图纸上的方格网测设到地面上，并在设计地形等高线和方格网的交点处立桩。

③ 在每个桩木上标出每一角点的原地形标高、设计标高及施工标高。

④ 用白灰将各桩木点按照设计的意图依次光滑连接。

2. 平整场地的施工放线

（1）材料及工具：

施工图、经纬仪、标尺、丈绳、木桩、石灰等。

（2）放线方法：

用经纬仪或全站仪将图纸上的方格网测设到地面上，并在每个方格网交点处设立木桩，边界木桩的数目和位置依图纸要求设置。木桩上应标记桩号（取施工图纸上方格网交点的编号）和施工标高（挖土用"＋"号，填土用"－"号）。

二、绿地喷灌施工

（1）内容：固定式喷灌系统的施工。

（2）材料及工具：

喷灌系统施工图、经纬仪、标尺、丈绳、木桩、石灰、铁锹、镐、PVC 管道、PVC 接头、喷头、控制器、安装工具、堵头、压力试验机。

（3）施工方法：

① 根据施工图纸，放出管道沟、喷头及控制点的位置。

② 开挖沟槽。喷灌管道沟横断面积较小，同时也为了防止对地下隐藏设施的损坏，一般采用人工挖掘方法。沟槽断面形式可为矩形或梯形。沟槽宽度一般可按管道外径加 0.4m 确定；沟槽深度应满足地埋式喷头安装高度及管网泄水的要求。一般情况下，不冻结地区为 0.7m，冻结地区为并结线以下 0.3m 处。

③ 基础处理。将挖好的沟槽底部进行平整、压实。

④ 管道安装。根据设计要求将横管和竖管依次连接起来。连接处密封要严，竖管道要留有余地。

⑤ 水压试验。将所有管道开口用堵头堵住，然后用压力试验机向管道中打入一定压力的水，保持 2h 左右，再检查管道有无渗漏。

⑥ 土方回填。土方回填分两步进行：首先用沙土或筛过的原土回填，管道两侧分层压实，填土厚度为管道以上 10cm 处；然后用符合要求的原土、分层压实填至地表。

⑦ 安装喷头。

⑧ 修筑、安装泵房及附属设施。

⑨ 施工验收。绿地喷灌的工作压力较高，隐蔽工程较多，工程质量要求严格。验收的主要项目有：供水设备工作的稳定性；过滤设备工作的稳定性及反冲洗效果；喷头平面布置与间距；喷灌强度和喷灌均匀度；控制井井壁稳定性、井底泄水能力和井盖标高；控制系统工

作稳定性;管网的泄水能力和进、排气能力等。

3. 水景工程施工

(1) 内容:小型水喷泉的施工。

(2) 材料及工具:

水泥、沙子、石子、管道、喷头、控制器等。

(3) 施工方法:

① 施工放线。

② 挖喷水池沟槽。

③ 作水池的基础。

④ 浇筑池底和池壁。

⑤ 刷防水涂料。

⑥ 水池压顶及表面装饰。

⑦ 安装管道。

⑧ 安装水泵。

⑨ 试验、调整。

4. 园路施工

(1) 材料及工具:

铁锹、镐、白灰、园路材料等。

(2) 施工方法:

① 根据施工图放出园路的两条边线。

② 开挖路槽,压实路基。

③ 浇筑基层。

④ 做结合层。

⑤ 铺筑面层。

⑥ 做道牙。

⑦ 做雨水道及排水明沟。

5. 假山工程施工

(1) 材料及工具:

山石、水泥、沙子等。

(2) 施工方法:

① 根据设计意图选石,石料要求大小不一、形态各异、相同质地、相同颜色。

② 施工放线。根据施工图,放出假山的坡角线。

③ 立基。先挖出槽,再夯实基槽,最后做基础。基础的做法有四种,分别为桩基、灰土基础、石基和混凝土及钢筋混凝土基础。

④ 拉底。拉底的底石材料要求块大、坚实、耐压,不允许石头风化过度。拉底时要做到:统筹向背、曲折错落、断续相间、紧连互咬、垫平安稳。

6. 绿化工程施工

（1）材料及工具：

绿化苗木、铁锹、镐、钉耙、白灰、木桩等。

（2）施工方法：

① 整理绿化用地，改良土壤。

② 根据设计施工图进行定点放线（通常采用仪器法和目测法相结合），撒白石灰。（注：如果条件允许，第一步应让学生参与选苗和掘苗操作）

③ 挖穴。以所定的灰点或桩位为中心沿四周向下挖土，坑的大小应随苗木规格而定。挖穴尽量安排在定点、放线后的当天进行。种植单株苗木的坑形一般为圆筒状，绿篱为长方形槽，群植小灌木采用几何形大块浅坑。对于小规格苗木，坑的大小一般应略大于苗木的土球或根群的直径；对于干径超过10cm的大苗木，应加大树坑，包括坑径和深度。如果坑位土壤为建筑渣土或板结黏土，坑穴更应加大。

④ 定植。最好能每三人一个作业小组，其中一位有经验的负责扶树、找直、掌握深浅度，其余两人负责埋土，用脚踩实。

⑤ 立支柱。高大的树木，特别是带土球的树木埋土扶正后应当用木桩、竹竿、钢管或钢筋水泥柱等进行支撑。根据需要，立支柱可采用单杆支柱、双杆支柱、三杆交叉支柱。

⑥ 树干缠绳。为了防止树干水分蒸发、人为损伤和阳光直射，定植后需对乔木和高干灌木用草绳缠绕树干。

⑦ 新植树灌水。单株树木定植后，在树坑外缘用细土培起约15cm高的围堰，便于灌水。成片种植的树木（如绿篱、灌木丛等）可将几棵树联合起来用细土集体围堰，称作畦。待围堰或作畦开好后，一般应在10天内给树木进行三次浇灌。第一次在定植后24h内，水量不宜过大，浸入坑土30cm左右即可，主要目的是使土壤缝隙填实，确保树根土壤湿润；第二次应在3天内，在树木再次培土扶正后进行，水量仍不宜过大；又过3天左右，进行第三次灌水，水量要大，浇足灌透，用细土将树堰埋平。

⑧ 复剪。树木定植完后，还要对受伤枝条、影响树形美观的枝条及带有病虫害的枝条进行多次修剪。

⑨ 清理施工现场。园林绿化工程在竣工后（一般指定植灌完3次水后），应将施工现场彻底清理干净，主要工作任务有清理地面修剪的枝叶、木桩、草绳、垃圾等杂物，并根据需要做好封堰和整畦。

（3）栽植时应注意事项：

① 如发现挖出坑的土质不好，则需要更换土壤，必要时最好能施基肥。

② 埋土前仔细核对设计图纸，看品种、规格是否正确，若发现问题应及时调整。

③ 树型和长势最好的一面应朝向主要观赏面。

④ 平面位置和高程必须符合设计图纸要求，种植深浅一般应与原土痕平齐。

⑤ 行列式种植应十分整齐，先种好标杆树，再以标杆树为依据，确保"三点一线"。

⑥ 种植土球苗必须先量好坑的深度与土球的高度是否一致，入坑后尽量将包装材料解开取出，以免影响新根再生。

【知识链接】 ××校园景观绿化工程施工组织设计

一、工程概况

本工程为××市××学校新校区景观绿化部分,属于北亚热带季风气候,气候湿润,四季分明,无霜期较长,雨水充沛,光照充足,适合多种植物生长。本工程景观绿化面积约12.25万m^2,占地面积较大,作业面开阔,展开施工方便。

工程主要施工内容包括大小乔木、灌木种植以及草皮和水生植物种植。施工期正处夏季,天气炎热,对植物的种植要求校高。

二、施工准备

1. 施工管理人员配备

针对本工程难度大的特点,我公司专门成立该景观工程项目部,委派经验丰富的项目经理全面负责项目施工,配备园林工程师、质检员、安全员、材料员、采购员等。

(1)项目经理:任施工总指挥,负责整个工程的统筹(包括合同的执行、监督及安排)与设计变更的指导。

(2)园林工程师:负责整个绿化工程的施工安排与执行监督,在项目经理不在场时,全权代表项目经理处理一切事务。负责工程施工中的技术业务、监督施工质量及图纸的解释变更、竣工图的制作。

(3)质检员:负责工程所需的苗木质量。

(4)材料员:负责整个工程的材料采购和施工机械的供给、后勤的各种协调工作。

(5)安全员:负责整个工程的施工安全检查、水、电等相关部分的工作联系,保证施工安全。

(6)施工队长:负责施工队的管理及施工人员的调配。

2. 其他准备工作

(1)项目部成员会审图纸,全面领会整个工程景观设计思想及景观特征,全面、详细地了解图纸中的工程说明。对全工程概况做到心中有数。

(2)工程量的计算:根据施工图纸,结合预算项目,统计各项施工项目数量表。

(3)制订材料计划表,将工程所需苗木名称、规格和预计数量列表。

(4)制订施工进度计划表,用于控制施工进度和调度工人及材料。

(5)开工前实地勘察,了解施工现场环境、交通、运输及施工人员食宿等情况,核对施工空间与设计图纸有无误差。

(6)施工前对土壤进行化学分析,对不合格土壤采取相应措施改良和客土等完善土壤理化性质。

3. 协调工作

(1)工程开工后,每周召开工作协调会,及时解决施工中产生的矛盾;上报业主安排工作的误差情况;汇报下周的工程作业计划;与业主和协作单位要密切配合。

(2)业主与监理召开的工程协调会一般由项目经理及施工负责人参加,协商解决重大问题以便工程顺利进行。

(3)施工工程中自觉配合、服从业主、监理单位对工程施工的监督,共同把好质量关。

三、施工顺序

1. 编制说明

本工程进度计划按正常的绿化施工进度进行编排。

2. 本工程主要施工阶段

(1) 准备期。绿化苗木、有机肥料的选择及准备工作,园林机械、车辆及护树设施等准备。

(2) 施工期。根据施工图纸及现场情况,将施工期分为几个阶段,每个阶段的施工起止日期按《施工进度计划表》进行。

(3) 养护期。

工程竣工后,进入养护期,按《绿化养护作业指导书》进行养护,以保证苗木成活。

3. 绿化施工主要程序及技术要求

(1) 清理场地。对施工场地内所有垃圾、杂草杂物等进行全面清理。

(2) 场地平整。严格按设计标准和景观要求,土方回填平整至设计标高,对场地进行翻挖,草皮种植土层厚度不低于30cm,花坛种植土层厚度不低于40cm,乔木种植土层厚度浅根不低于90cm、深根不低于150cm,破碎表土整理成符合要求的平面或曲面,按图纸设计要求进行整势整坡工作。标高符合要求,有特殊情况与业主共同商定处理。

(3) 放线定点。根据设计图纸中各种树木的位置布局,在实际场地中逐一放线定点,保证苗木布局符合设计要求。实际情况与图纸发生冲突时,在征得监理同意的前提下,作适当调整。

(4) 挖种植穴和施基肥。乔木种植穴以圆形为主,花灌木采用条行穴,种植穴比树木根球直径大30cm左右。施基肥按作业指导书进行。

(5) 苗木规格及运输。选苗时,苗木规格与设计规格误差不得超过5%,按设计规格选择苗木。乔木及灌木土球用草绳、蒲包包装,并适当修剪枝叶,防止水分过度蒸发而影响成活率。

(6) 苗木种植。按《苗木种植作业指导书》要求进行,乔木须立保护桩固定。苗木种植按大乔木——中、小乔木——灌木——地被——草皮的顺序施工。

(7) 种植浇灌。无论何种天气,苗木栽后均需浇足量的定根水,并喷洒枝叶保湿。

(8) 施工后的清理。施工后形成的垃圾应及时清理外运,保证绿地及附近地面清洁。

四、主要施工方案及技术措施

1. 平整场地工序

(1) 施工工具配置:推土机、运输车、吊车、铁锹、铲子、锄头、手推车。

(2) 施工内容:施工员负责平整场地。用上述机械、工具对不符合设计要求的坡地进行平整,高坡削平,低塘填平。对特殊场地,如草坪地应具备适宜的排水坡度,以2.5%~3%为宜,边缘应低于路道牙3~5cm。场地翻挖、松土厚度不低于50cm。条件不允许时,应保证草坪种植土厚不低于30cm,花坛种植土厚不低于40cm,并需将泥块击碎。低位花坛,应高于所在地面5~10cm,以符合苗木种植要求。

(3) 检查项目:平整度、清除杂物杂草程度、松土质量。

2. 定点放线工序

(1) 施工工具：锄头、锤子、皮卷尺、木桩、线、石灰。

(2) 工作内容：对照图纸，在整形好的工程场地上，采用方格法对乔灌木、地被、草皮、小品等进行定点放线。规则式灌木图案花坛，亦应做到放线准确，压线种植，使图案清晰明了。绿篱应开沟，种植沟槽的大小按设计要求和土球规格而定。

(3) 检查项目：施工图定点放线尺寸应准确无误。按公司质量检查标准进行检查，做文字记载。

3. 挖植穴工序

(1) 工具：锄头、铲子、铁锹。

(2) 工作内容：根据定点放样的标线、树木土球的大小确定植穴的规格，一般树穴的直径比规定的土球直径要大 20~30cm。花坛、绿篱的植穴按设计要求确定放线范围。植穴的形状，绿篱以带状为主，花坛以几何形状为主，在花坛、绿篱周边须留 3~5cm 宽、3~5cm 深的保水沟，翻挖、松土的深度为 15~30cm。

(3) 检查内容：苗木的规格质量、植穴质量、杂物、石块的清理度，按公司相关的质量标准检查验收并做文字记载。

(4) 注意事项：注意设计施工图与现场具体情况的结合，对不能按设计要求进行施工的地方，提出合理建议。

4. 下基肥工序

(1) 施工工具：锄头、铲子。

(2) 工作内容：基肥种类分为有机肥、复合肥、有机复混肥。乔、灌木基肥用量如表 4-1 所示。

表 4-1 乔、灌木基肥用量

土球直径/cm	10	20	30	40	50	60	70	80	90	100	110	120
基肥量/kg	10	20	30	50	65	80	90	100	150	180	220	250

草坪、花坛的基肥量宜控制在 $10kg/m^2$ 左右。

施肥方法：与泥土混匀，回填树穴底部；草坪、花坛散施，深翻 30cm，使土肥充分混匀。

(3) 检查项目：基肥是否与泥土混匀，以防止烧根。回填土高度是否符合要求，以免树木晃动。按公司质量检查标准检查并记档。

(4) 注意事项：基肥应腐熟，与泥土混匀，以防烧根。

5. 苗木种植工序

(1) 工具：锄头、铲子、护树桩、木板、吊车等。

(2) 苗木种植按大乔木——中、小乔木——灌木——地被——草坪的顺序施工。

(3) 工作内容：

① 苗木修剪。在种植苗木之前，为减少树木体内水分蒸发，保持水分代谢平衡，使新栽苗木迅速成活和恢复生长，必须及时剪去部分枝叶。修剪时应遵循各种树木自然形态特点，在保持树冠基本形态下，剪去萌蘖枝、病弱枝、徒长枝及重叠过密的枝条，适当剪摘去部分叶片。

② 种植土数量根据各类苗木土和树穴的直径大小,乔木、灌木种植要加填土 20~30cm,以此确定种植土数量。

③ 各类土球及树穴规格(cm):土球直径——树穴直径(面直径×底直径×深):(20~40)×30×30;(30~50)×40×40;(40~60)×50×50;(50~80)×60×60;(60~90)×70×70;(70~100)×80×80;(80~110)×90×90;(90~120)×100×100;(100~130)×100×110;(110~140)×120×120;(120~150)×130×130。

④ 种植土的土质要求:土壤杂物及废弃物污染程度不至影响植物的正常生长,酸碱度适宜。种植土建议采用无大面积不透水层的黄壤土。

⑤ 乔木种植。新栽树木,由于回填的种植土疏松,容易歪斜、倒伏,因此行道树必须设立护树桩保护。护树桩一般以露出地面 1.5~1.7m 为适宜。护树桩统一向非机动车道方向绑扎。其他护树支架用竹子、木桩等,一般采用三角支撑方法。

种植时,先将树木放入树穴中,把生长好的一面朝外,栽直看齐后,垫少量的土固定球根,填肥泥混合土到树穴的一半,用锹将土球四周的松土插实,至填满压实,最后淋定根水。在高温反季节栽植时,必须合理安排程序,务必做到随起挖、随运输、随栽植,环环紧扣,尽可能缩短施工时间,栽植后及时淋水,并经常进行叶面喷水。高温强光时要采取防日灼措施,提高苗木成活率。

大树种植需要用吊车等机械栽植,需专人负责指挥,且注意施工安全。栽植完后,必须用木棍支撑大枝条,以稳定树木的原有树姿。

⑥ 保水圈。乔、灌木栽植完毕后,均需在树木周围挖保水圈,直径以 60~80cm 为适宜,灌木保水圈大小为 40~60cm,深 3~5cm。

⑦ 花坛种植程序。独立花坛应按"中心向外"顺序种植;斜坡下的花坛按由上向下的顺序种植。不同高度品种的花坛苗混种时,先栽高的品种,后栽矮的品种。

⑧ 铺草坪。铺草坪前,先施放底肥。铺草时,草块与泥土要紧密连接,清除草块杂草。完工后,每天喷水养护。

(4)检查项目:护桩整齐度、苗木是否歪斜、方向是否统一、草皮是否密实。按公司的质量标准检查记录。

6.淋定根水工序

(1)工具配置:胶管、增压水泵等。

(2)工作内容:刚栽植的苗木淋定根水,要求将水管插入植穴中,漫灌,至植穴面塌陷、保水圈积水为止。每天保持喷水一次,直至植物成活方可减少淋水次数。

(3)检查项目:淋定根水的次数,质量与苗木扶正。对检查结果进行记录。

(4)注意事项:淋定根水一定要淋透。下雨天栽植的植物应淋透定根水。

7.场地清理工序

(1)工具:机动车、水车、铲子、扫把等。

(2)工作内容:整个工作完成后,清理场地泥土、枝叶、杂物,并用水车冲洗路面,保持现场整洁。

(3)检查项目:场地清洁度。按公司相关质量检查标准进行检查,并记录。

五、施工进度计划

本工程进度计划应按照前紧后松的工作原则进行编制,以保证在施工过程中有足够的弹性时间,可处理特发情况。(总进度计划表略)

六、苗木进场计划

苗木进场计划按照正常施工进度、施工区段安排编制。

七、工期保证措施

(1)我公司有 30 000m² 的苗木生产基地,可提供较丰富的苗木资源,同时在江宁、常州等地拥有长期的苗木合格供货商,随时可以供应所需工程苗木。

(2)制订科学、高质、高效的施工管理计划和编制工程进度表,用于指导工程的实施,并在实施中检查计划和进度完成情况,及时做出纠正和改善。

(3)各部门紧密配合措施:

① 项目部安排好工地的工作,至少提前一周准备下一阶段施工所需的苗木清单。

② 苗木生产部和采购部根据清单及时供苗。

③ 施工队根据工程量及进度及时调整人数。

④ 公司机械部及时供应运输车、洒水车、园林机械设备。

⑤ 质量技术部协助相关部门做好施工质量的检查与监督工作,需对设计做出变动和调整时,及时发出修改通知单,并同监理、业主、设计单位达成一致意见。

⑥ 后勤部门做好施工队员的伙食、饮水、夏季防暑降温工作。

⑦ 除台风或暴雨危及人身安全外,我单位可全天候施工。

⑧ 当某种树木不适宜高温期施工时,可能会要求更换树种或推迟栽植时间,从而影响工期,出现此类情况需与业主联系协商解决。

八、质量保证措施

(1)苗木质量。所有苗木先由我单位按设计要求选好,经业主及施工监理认可后方可种植。

(2)起苗包装。按设计要求及种植生长特性挖出符合规格的根球,并用草绳包扎好,尽量保留原叶。特殊的大树在起苗前要作围根缩坨的处理。

(3)其他质量保证措施。设专业资料员,建立工程档案制度,各项技术资料及时归档;坚持各工序交接班验收制度,道道工序把关,消除隐患。对各项隐蔽项目严格执行隐蔽工程验收制度。加强各分部、分项工程质量的自检、互检、交接检,做好质量评定。

九、文明施工保证措施

(1)安全管理目标。我公司将按照××市有关文明施工各项要求,保持良好的施工环境、文明施工、安全施工。

(2)施工现场设"四牌一图":工程概况牌、安全生产标语牌、安全生产纪律牌、工地主要负责人名称牌和工地总平面布置图。

(3)工地设清洁工,生产、生活垃圾及时清理,保持施工和生活区的整洁。

(4)落实卫生专职管理人员和保洁人员,落实门前岗位责任制。

(5)按照设计地形图铺设施工便道,两侧设排水明沟,并保持畅通。

(6)现场周转材料、设备堆放必须按总平面布置图所示位置堆放,并且堆放整齐,堆放高度不超过1.8m。

(7) 所有进场材料必须进行标识,注明名称、品种、规格及检验和试验情况。

(8) 施工临时用电的布置按总平面图规定架空,杆子用干燥圆木或水泥杆上设角铁横担,用绝缘子架设。

(9) 施工用电,必须由取得上岗证的电工担任,严格按操作规程施工,无特殊原因及保护措施不准带电工作,正确使用个人劳保用品。

(10) 本工程所有机械设备一律采用接地保护和现场重复接地保护。

(11) 配电箱一律选用标准箱,挂设高度1.4m,箱前后左右1m范围内不准放置物品,门锁应完好、灵活,按规定做好重复保护接地。

(12) 移动电箱的距离不大于30m,做到一机一闸保护。

十、责任期的养护管理及回访制度

(1) 健全组织,加强管理力度。项目部将从思想上高度重视,绿化工程师随时进行巡查,注意观察苗木、草坪的生长情况,遇到问题认真研究分析,及时采取措施。健全管护工作,组织网络,配足人力,落实责任,确保万无一失,为苗木、草坪的生长创造一个良好环境。

(2) 切实做好水分管理工作。夏、秋季风雨强度大,对苗木、草坪会造成一定影响。项目部一方面做好积水排放工作,下雨后及时排除积水,另一方面做好高温干旱时浇水或叶面喷雾工作,确保苗木、草坪生长不受影响。

(3) 做好病虫害防治工作。夏、秋季是病虫害的高发季节,对病虫害的防治决不能掉以轻心。对苗木和草坪注意观察,及时发现、及时防治,对症下药、把握用量,提高防治效果。

(4) 认真做好清除杂草工作。夏季,气候对杂草生长有利,如不及时清除杂草,必将影响草坪生长。必须积极组织人力、物力,加大清除杂草频率,力求除早、除小、除了,确保草坪覆盖,同时要将杂草运到指定地点并做好现场卫生工作。

(5) 精心做好整形修剪工作。夏季修剪是苗木、草坪管理不可缺少的措施之一。苗木修剪在晴天露水干后进行,剪除病枝、短截长枝,注意修去徒长枝,修剪株形。为控制草坪生长、保证草坪质量,需要定期进行刈剪,保证草坪的观赏效果。

(6) 加强巡视,责任落实到人,对缺损的植物及时进行修补。项目部领导加强监督,确保完成各项养护任务。

(7) 工程竣工后,每三个月公司将对业主进行一次回访,请客户填写回访单,及时处理业主提出的意见,争取做到客户的最大满意。

【实训建议】

(1) 重点掌握实训4.1、4.2、4.5、4.6的内容,实训4.3、4.4可根据各学校的实际情况选做。

(2) 实训前应准备的资料:

① 现行的《全国统一仿古建筑及园林工程预算定额》中《通用项目》分册及《园林绿化工程》分册;

② 现行《××省或直辖市园林工程预算定额(单位估价表)》;

③ 现行《××省或直辖市园林工程预算取费标准》;

④《××省或直辖市园林工程材料预算价格》；
⑤ 2003 年 7 月 1 日建设部发行的《建设工程工程量清单计价规范》；
⑥ 其他相关标准、规范及文件。

 本章小结

园林工程预算与施工是园林技术和园林工程技术类专业的重要技能之一，必须加强实训，在实践中提高自己的动手能力和技能水平。园林工程预算包括小游园工程、园路工程、园林小品和假山工程等内容，在进行园林工程预算前必须有充分的材料和丰富的信息；园林施工的内容包括放线、打样、喷灌系统、喷泉、园路、假山等，其中喷灌系统又包括开挖沟槽、布置喷灌系统、管道安装、水压试验、土方回填、安装喷头、修筑、安装泵房及附属设施等，在施工前也应有一定的基础，否则难以完成实训任务，达到实训目的。

 复习思考

请总结整理园林工程施工的组织管理报告。

 考证提示

通过一定时间的训练可报考项目治理或园林预算师。

第5章 毕业论文(设计)实训指导

本章导读

毕业论文(设计)是高职院校教学计划的重要组成部分,是高职院校教育教学质量的综合反映,各校均十分重视毕业论文(设计)工作,从组织领导、宣传发动、全面动员和安排落实课题、指导教师,到实习过程中的前期、中期和后期检查,直至最后的答辩工作均有一整套工作规范和质量标准,使得毕业论文(设计)能在规范中确保质量。

实训目标 了解毕业论文(设计)的重要性和必要性;熟悉毕业论文(设计)选题的主要内容和方法;掌握毕业论文(设计)撰写的基本方法;了解毕业论文(设计)撰写规范及答辩准备工作。

5.1 毕业论文(设计)工作的重要性和基本要求

毕业论文(设计)是高职院校人才培养工作的重要组成部分,是学生在学完教学计划规定的全部课程并获得相应的学分后所必须进行的综合性实践教学环节。所有学生必须参加毕业生产实习、选择相应的课题,在指导教师的指导下,完成毕业论文(设计)的撰写并经答辩合格,获得相应学分后才能顺利毕业。

5.1.1 毕业论文(设计)工作的重要性

毕业论文(设计)是培养学生综合运用所学知识与技能解决具有一定复杂程度工程实际问题的实训项目,是学生综合素质与培养效果的全面检验,是学生毕业资格确认的重要依据,也是高职院校教育教学质量的综合反映,因此,在教育部高职高专人才培养工作水平评估中,学生的毕业论文(设计)是重要的评估指标。江苏省教育厅每年组织高校毕业论文(设计)的评比,评比结果在网上公布,这些工作的开展对促进学校各项教学改革、全面提高教学质量具有重要意义。

5.1.2 毕业论文(设计)工作的基本要求

通过工程设计或专题研究,综合运用所学知识,培养学生独立思考、分析和解决一般工程实际问题的能力,达到高职高专人才培养的规格要求,为以后的工作打下良好的基础。

通过毕业实习和毕业论文(设计)的撰写,学生应具备如下能力:一是综合运用知识的能力;二是调查研究的能力(包括调查方案的制订、调查内容的确定、调查内容的处理、调查结果的运用等);三是收集资料、分析资料和利用资料的能力;四是实验能力;五是计算、分析、论证等方面的能力;六是计算机和外语的应用能力。

毕业论文应立论合理、数据准确、论据充分、层次清晰,并注明引用的文献资料;毕业设计图纸应能较好地表达设计意图,图面应布局合理、正确清晰、符合制图标准及有关规定;毕业设计说明书要求内容完整、计算准确、论述简洁、文理通顺、装订整齐。

5.2 毕业论文(设计)选题

选题是毕业论文(设计)的前提,选题的成功与否是毕业论文(设计)能否成功的关键一步,因此,各校均十分重视选题工作。我院制定了相应的选题原则和方法程序,对选题工作进行指导和规范,使选题工作有法可依、有章可循。

5.2.1 毕业论文(设计)选题的原则

一是必须体现高职高专人才培养方案中培养应用性专门人才的目标要求,综合运用所学知识与技能来解决本专业工作实际中的问题;二是学生所选课题工作量要恰当、难度要适中,经过努力可以在规定的时间内完成;三是课题可以多样化,但尽可能结合生产实际,充分利用学院的资源(包括校内的实训中心、园艺中心、苏农园艺景观公司、东山基地、相城基地及与学院紧密合作的校外基地等),鼓励有条件者选择适宜的课题到国外进行毕业生产实习;四是在保证完成毕业任务的前提下,对部分成绩优秀的学生安排有一定难度的综合性课题,以培养他们的自觉自学能力、刻苦钻研能力和创造创新能力,也体现学院一贯提倡的因材施教做法;五是每个学生应独立完成一个课题,不得弄虚作假,不准抄袭,需要几位学生共同参与的项目,必须明确每个学生应独立完成的部分,对工作量不够的课题,指导教师应作适当的增补,确保毕业论文(设计)的质量。

5.2.2 毕业论文(设计)选题的方法

课题的确定。课题一般由指导教师拟订或收集,经初审或筛选后向教研室提出,陈述课题来源、主要内容、难易程度、具备的条件、需要学生的数量和达到的目标等,经教研室讨论审定,系部平衡,系主任批准后下达。

课题的分配。教研室对学生进行课题分组,鼓励指导教师和学生的双向选择。教研室也可根据学生的意向和学生的能力,参考学生的学习成绩,适当调整课题。课题须在学生毕业论文(设计)开始前一个月告知学生本人,以便学生有所准备,此时学生如有特殊情况还可作适当调整。课题任务书必须在毕业论文(设计)开始前一周内以书面形式下发给学生;课题一经确定,不得随意改动,同时要在规定的时间内将任务书和课题分组表报教务处备案。

5.3 毕业论文(设计)指导

毕业论文(设计)的指导是专业教师的主要工作职责之一,也是专业教师提高自身能力和水平的主要途径之一。作为专业教师一方面要走出校门,在生产实践中寻找课题,探求解决实际问题的方法,提高自身的能力;另一方面要积极参与申报横向课题,带领学生一起参与科学研究,培养学生的科学研究精神,使学生在校期间就养成良好的科学研究习惯。学校也把指导学生撰写毕业论文(设计)作为重要的考核指标,在职称评定和各项评比中予以考虑。

5.3.1 毕业论文(设计)指导教师的选派

指导教师的基本条件。指导教师应由教风严谨、业务水平高、责任心强、专业相近并具有丰富实践经验的讲师(或其他中级职称)以上职称者担任。为确保指导工作的质量,助教一般不单独指导毕业论文(设计),但可以协助毕业论文(设计)指导教师的部分工作。

对于部分在校外进行的毕业论文(设计),可以由学院的指导教师指导,也可以聘请所在单位具有中级以上职称者担任指导教师,但各系必须严格进行审核,并将外聘指导教师的基本情况登记表报教务处备案。各专业指导委员会委员应优先聘任,并尽量让他们在人才培养工作中发挥重要作用。

指导教师的基本要求。指导教师必须熟悉毕业论文(设计)课题的内容,掌握有关资料与文献,明确学生完成毕业论文(设计)工作后所要达到的教学目的,对于其中的重要部分应亲自参与相应工作,保证指导工作的到位。

为确保毕业论文(设计)指导工作的质量,原则上每位教师指导(校内)的学生数量不超过15人,校外聘请的指导教师不超过8人,特殊情况需要超过时必须由系部提出申请,报教务处审核,经分管院长批准后方可执行。

5.3.2 毕业论文(设计)指导教师的职责

(1) 负责选定毕业论文(设计)的课题,并将课题进行分类或分组后上报系部供学生进行选择。

(2)根据题目拟定毕业论文(设计)任务书,对毕业论文(设计)提出明确具体的要求,提供必要的参考资料和数据(包括方案论证、外文翻译、图纸、编程及技术指标等),同时拟定工作进程,列出参考资料。

(3)负责审定学生拟定的总体方案,并在实习(设计)过程中随时检查,督促学生合理掌握进度,保证按时完成任务。整个实习过程中至少要进行前期、中期和后期三次检查,做好相应的检查记录,教研室要整理归档,系部要进行检查,学院要进行抽查。

(4)要督促学生独立完成毕业论文(设计)工作,要重视对学生独立工作能力、分析解决问题能力和创新能力的培养,对于未按规定要求和进度完成工作的学生要进行严肃的批评和教育并提出解决问题的方法。

(5)毕业论文(设计)完成后,指导教师要根据学生的工作态度、工作能力和毕业论文(设计)的质量等情况写出评语、给出评分并提出能否让学生准时参加答辩的意见。评语主要包括:学生完成的工作数量和质量是否达到任务书上的要求;毕业论文(设计)结果的理论水平、工作态度、工作能力及进展情况;指出毕业论文(设计)中的重点研究部分和有争议的问题;对毕业论文(设计)的总体评价。

(6)参与毕业论文(设计)的答辩和最后评分工作。

5.3.3 毕业论文(设计)指导教师的指导

指导教师的指导可采用当面指导和网上指导相结合的方式进行。要特别重视任务书的制定和落实,一定要落实工作的进程,前期、中期和后期三次检查不能流于形式。对于毕业论文(设计)的形式和内容要求必须严格执行学院的统一标准,不得自行降低或自行其是;对于完成课题确有困难需要更改课题的学生必须严格按照相关手续报批更改课题;对于部分实习不认真者要进行严肃的批评和教育。在进行评分时要严格按照学院制定的标准,不得擅自拔高或降低,与评阅教师评分相差较多时要进行讨论,双方均要讲出理由,对于确有指导不负责者学校也要进行批评教育,直至取消其指导教师的资格。

5.3.4 毕业实习过程中学生的职责

(1)虚心接受指导教师及有关工程技术人员的指导,大胆探索,勇于创新,独立并按时完成毕业论文(设计)任务。

(2)严格遵守学校的有关规定,毕业实习期间一般不准请假,累计缺勤时间达到或超过实习全过程的四分之一者取消答辩资格,毕业论文(设计)成绩按不及格处理。

(3)在校内进行毕业实习要执行实验实训室的有关规章制度,节约材料、爱护仪器设备,因违规造成的各种仪器设备损坏必须照价赔偿;学生在校外进行实习要注意安全并遵守实习单位的各项规章制度,经常保持与指导教师的联系。

5.3.5 毕业实习过程中学生应完成的主要任务

(1) 经常与指导教师联系,按照毕业论文(设计)任务书的要求完成各项工作,随时接受学校的检查,前期、中期和后期的检查必须认真配合完成,并在系部规定的时间内到岗和返校。

(2) 毕业论文(设计)撰写结束后,每个学生必须按任务书中所规定的文件、图纸或论文等整理装订成册,在答辩前一周交给指导教师,同时将电子稿以邮件的形式发送指导教师,以便于对论文进行再次修改,进行论文的选编。

5.3.6 毕业实习过程的检查

定期进行毕业论文(设计)工作的检查,及时掌握工作的进度,协调处理有关问题是整个毕业实习环节中的一个重要组成部分,一般至少有前期、中期和后期三次。

前期以专业为单位,重点检查指导教师到岗情况,课题进行必需的条件是否具备,选题安排是否合理,毕业论文(设计)任务书是否下达到每一个学生。

中期以系部为单位,重点检查工作进度、教师指导情况及实习过程中存在的问题和困难,并采取相应的措施加以解决。

后期以系部为单位,重点检查学生根据毕业论文(设计)任务书规范化要求完成的情况,组织对毕业论文(设计)文字材料和图纸的质量检查及软、硬件成果的验收。在此基础上对学生进行答辩资格审查。

5.3.7 毕业论文(设计)撰写规范

一份完整的毕业论文(设计)应包括以下几个部分:

(1) 标题:应精炼、明确、准确、修辞正确。标题不宜太长,一般不超过20个字(如果有些细节必须放进标题,可以分成主标题和副标题),但也不能太短。

(2) 论文摘要或设计总说明:论文摘要以浓缩的形式概括出研究课题的主要内容,其基本要素包括研究目的、材料、方法、结果、分析和结论。中文摘要控制在300字以内,外文摘要以250个单词(实词)为宜。设计总说明主要介绍设计任务来源、设计标准、设计原则及主要技术资料,中文字数控制在2 000字以内,外文字数控制在1 000个单词(实词)以内。

(3) 目录:按三级标题编写(即:1……、1.1……、1.1.1……),要求标题层次清晰。目录中的标题应与正文中的标题一致。

(4) 正文:毕业论文(设计)正文包括绪论(或引言)、正文主体、结论与讨论,分述如下:

绪论应说明本课题的意义、目的、研究范围及要达到的要求,简述本课题在国内外的发展概况及存在的问题,说明本课题的指导思想及应解决的主要问题,其文字要比摘要多。

正文主体是对研究工作的详细表述。

结论是对整个研究工作进行归纳和综合而得出的总结,讨论是对所得结果与已有结果的比较和课题尚存在的问题以及进一步开展研究的见解与建议。结论要写得概括、简短。

(5) 谢辞:应以简短的文字对在课题研究和论文撰写过程中曾经直接给予帮助的人员(如指导教师、答疑教师及其他人员)表示自己的谢意,这不仅是一种礼貌,也是对他人的尊重,同时还是治学者应有的思想作风。

(6) 参考文献与附录:参考文献是毕业论文(设计)不可缺少的组成部分,它反映毕业论文(设计)作者掌握相关信息、材料的广博程度和所引用资料的可靠程度,也是作者对他人知识成果的承认和尊重。一份完整的参考文献可向读者提供一份有价值的信息资料。

一些不宜放在正文中,但有参考价值的内容,可编入毕业论文(设计)的附录中,但一般附录的篇幅不宜过大。

以下为苏州农业职业技术学院毕业论文(设计)评分要求及标准。

一、指导教师、评阅教师和答辩小组成员在评分中要坚持"实事求是"的原则,严格要求学生独立完成毕业实习工作,根据学生毕业论文(设计)的质量和评分标准评分。

二、毕业论文(设计)的成绩采用五级记分制:优秀、良好、中等、及格和不及格。

三、评分标准:

1. 优秀

按期圆满完成规定的任务,能熟练地综合运用所学理论和专业知识;课题立论正确,计算、分析、实验准确且严密,结论合理;独立工作能力强,毕业论文(设计)有自己独到的见解,水平较高。

毕业设计说明书条理清楚,论述充分,文字通顺,符合技术用语要求,符号统一,书写工整,图纸完整、整洁、正确,能用计算机制作效果较好、质量较高的演示稿。

答辩时思路清晰、论点正确,回答问题时有理论依据,基本概念清楚,对主要问题回答正确、深入。

2. 良好

按期圆满完成规定的任务;能较好地运用所学理论和专业知识;课题立论正确,计算、分析和实验正确,结论合理;有一定的独立工作能力;毕业论文(设计)有一定的水平。

毕业设计说明书条理清楚,论述正确,文字通顺,符合技术用语要求,书写工整,设计图纸完整、整洁、正确。

答辩时思路清晰,论点基本正确,能正确地回答主要问题。

3. 中等

按期完成规定的任务;在运用所学理论和专业知识上基本正确,但非主要内容有欠缺和不足;课题立论正确,计算、分析、实验基本正确;有一定的独立工作能力,毕业论文(设计)水平一般。

毕业设计说明书文字通顺,但论述中有个别错误(或表达不清楚),书写不够工整,图纸完整,基本正确,但质量一般或稍有缺陷。

答辩时对主要问题的回答基本正确,但分析不够深入。

4. 及格

在指导教师的帮助下能按期完成,但独立工作能力较差,且有一些小的疏忽和遗漏;在运用理论和专业知识中,没有原则性的错误;论点、论据基本成立,计算、分析、实验基本正确,毕业论文(设计)达到了基本要求。

毕业设计说明书文理通顺,但叙述不够恰当和清晰,文字、符号等有较多问题,图纸质量不高,工作不够认真,有个别明显的错误。

答辩时能答出主要问题或经启发才能答出,回答问题较肤浅。

5. 不及格

未能按期完成所规定的任务;基本概念和基本技能未掌握,在运用理论和专业知识中出现不应有的原则性错误;在整个方案论证、分析、实验等工作中,独立工作能力差,毕业论文(设计)未达到基本要求。

毕业设计说明书文理不通,书写潦草,质量很差;图纸不全或有原则性错误。

答辩时毕业论文(设计)的主要内容阐述不清,基本概念糊涂;对主要问题回答有错误或回答不出。

附件一：毕业论文(设计)任务书格式

毕业论文(设计)任务书

课题名称＿＿＿＿＿＿＿＿＿＿＿＿＿＿＿＿＿＿
　　　　＿＿＿＿＿＿＿＿＿＿＿＿＿＿＿＿＿＿
所 在 系＿＿＿＿＿＿＿＿＿＿＿＿＿＿＿＿＿＿
专业班级＿＿＿＿＿＿＿＿＿＿＿＿＿＿＿＿＿＿
学　　号＿＿＿＿＿＿＿＿＿＿＿＿＿＿＿＿＿＿
姓　　名＿＿＿＿＿＿＿＿＿＿＿＿＿＿＿＿＿＿

＿＿＿＿年＿＿＿月＿＿＿日至＿＿＿＿年＿＿＿月＿＿＿日共＿＿＿周

指导教师签字＿＿＿＿＿＿
系主任签字＿＿＿＿＿＿
＿＿＿＿年＿＿＿月＿＿＿日

一、毕业论文(设计)的内容

二、毕业论文(设计)的要求与数据

三、毕业论文(设计)应完成的工作

四、毕业论文(设计)进程安排

序 号	论文(设计)各阶段名称	日　　期

五、应收集的资料及主要参考文献

附件二：毕业论文（设计）格式

题目

姓名

系部　班级　指导教师

摘要

关键词

（英文摘要及关键词）

绪言

正文

致谢

参考文献

附件三：毕业论文（设计）指导前、中、后期检查表

<h3 style="text-align:center">苏州农业职业技术学院毕业论文（设计）指导工作前期检查表</h3>

指导老师姓名		所在部门		职　称			
学生姓名	班级	选　题	任务书下达时间	选题是否调整	指导次数	备　注
指导组意见	组长签字　　　　　　年　月　日		系(部)意见	主任签字　　　　　　年　月　日		

苏州农业职业技术学院毕业论文（设计）指导工作中期检查表

指导老师姓名		所在部门		职　称			
学生姓名	班级	选　题				指导次数	备注
指导组意见	组长签字　　　　　年　月　日			系（部）意见	主任签字　　　　　年　月　日		

苏州农业职业技术学院毕业论文（设计）指导工作后期检查表

指导老师姓名		所在部门		职　称			
学生姓名	班级	选　题	指导次数	完成情况	能否按期答辩	备　注	
指导组意见	组长签字　　　　　年　月　日			系（部）意见	主任签字　　　　　年　月　日		

5.4 毕业论文(设计)答辩

毕业论文(设计)的答辩是学生综合能力素质的一种表现形式,是培养学生口头表达和快速反应能力的一种方式,也是考察学生专业知识掌握程度的一种方式。学院要求每位同学在完成毕业论文(设计)的基础上必须进行论文答辩。

5.4.1 毕业论文(设计)答辩的组织

每期毕业论文答辩前应成立学院答辩工作领导组,设组长1人(院分管教学的领导担任)、副组长及成员若干人。各系成立领导小组,设组长1人(系主任担任)、副组长及成员若干人,并设立若干个答辩小组(以专业为单位)。系部领导小组中至少有1名校外专家,专业建设指导委员会的成员更好。答辩小组成员原则上要有中级以上职称,至少有1名高级职称,有校外专家参与答辩工作更好,成员以3~5人为宜,设组长1人。

答辩小组的主要职责:审定学生毕业论文(设计)答辩的资格;编排参加答辩的学生名单及答辩时间表;主持毕业论文(设计)的答辩,讨论并初步确定学生毕业论文(设计)的总评成绩及评语(在指导教师和评阅教师评分和评语的基础上);填写毕业论文(设计)答辩记录表,并完成成绩登记和汇总工作;进行答辩工作的总结,上报学生的毕业论文(设计)成绩,并提出建议推荐的优秀毕业论文(设计)名单(参加学院的优秀论文评比)。

5.4.2 毕业论文(设计)答辩的审核

在答辩前,召开答辩小组成员会议,审阅毕业论文(设计)等材料,准备向学生提的问题(所提问题要有一定的深度和广度,要有一定的针对性和实用性);审定学生参加答辩的资格,确定学生答辩的顺序、时间安排,并在答辩前1天向学生公布。

审定学生能否参加答辩的依据是:学生完成毕业论文(设计)的态度情况;学生完成毕业论文(设计)投入时间和精力情况;学生调研、信息采集、资料收集、资料应用及接受指导的情况;学生运用知识和技能的情况;学生独立分析问题、解决问题的情况;学生在规定时间内完成论文的情况。

审定标准:分上、中、下三个档次,上档为80~100分,中档为60~79分,下档为59分以下(注:成绩低于60分者不得参加答辩)。

5.4.3 毕业论文(设计)答辩的程序

(1)毕业论文(设计)撰写结束后,每个学生必须按任务书中所规定的要求,将论文(设计)装订成册,在答辩前一周交给指导教师。

(2) 指导教师在 2 天内评阅完学生的毕业论文(设计),写好评语,给出评分,并将所有材料交给答辩小组确定的评阅教师;评阅教师在 2 天内根据学生毕业论文(设计)的质量,写好评语,给出评分,并将所有材料交给答辩小组组长。

(3) 系部组织各答辩小组在 1 天内对毕业论文(设计)进行形式审查,凡按计划完成并经形式审查通过者,方可参加答辩。

(4) 毕业论文(设计)经过审查、评阅可以参加答辩者,答辩组长需在答辩前 2 天将毕业论文(设计)等有关材料交还给本人,以便学生积极准备。同时,答辩小组召开答辩前的预备会议,对答辩进程、分组情况、所提问题及评分标准等进行认真的研究,统一标准进行答辩。

(5) 答辩工作力求规范、严谨。每个学生的答辩时间不超过 20 分钟。一般先由学生简要讲述毕业论文(设计)的工作思路、主要成果和创新点,答辩教师就以上内容提出 2~3 个问题,学生有针对性地进行简要回答,所质询的问题应为课题中的关键问题及与课题有关的理论、方法和计算等。

(6) 答辩结束后,答辩小组依据评分标准对学生进行综合评定,给出相应的分值,并写出评语,上报系毕业论文(设计)工作领导小组审核,经系主任审定后确定。

毕业论文(设计)评审记录表见附件四。

5.4.4 毕业论文(设计)答辩的记录

在答辩过程中,答辩小组要认真听取学生的汇报和答辩教师的提问、学生的答辩内容,并详细做好记录。记录由专人负责,记录表每个学生 1 份,记录表的项目要填写完整,记录要求字体工整、卷面清晰,并用钢笔或水笔书写,不打印。

毕业论文(设计)答辩情况记录表见附件五。

5.4.5 毕业论文(设计)成绩的评定

学生答辩完成后,答辩小组可根据每位学生的毕业论文(设计)的质量及答辩情况,并参考实习指导教师和论文评阅教师的评分意见,按照优秀、良好、中等、及格和不及格五级记分制的成绩评定,同时对每位学生填写毕业论文(设计)成绩评定表,具体评分标准和办法按有关规定执行。

5.4.6 毕业论文(设计)成绩的上报

答辩结束后,各专业教研室、各系要对学生毕业实习及答辩工作进行总结,写出书面总结报告。同时收齐相关的材料,包括学生毕业实习鉴定表、毕业论文(设计)的所有文字材料、图纸及评阅、答辩记录以及毕业实习工作总结等。以上材料由各系部自行安排保存,保存期限三年。

学生的毕业论文(设计)成绩以班级为单位汇总,汇总表见附件六。学生的成绩评定需经系主任审核后再向学生公布。系部工作领导小组审查各专业成绩评定和成绩分布情况,并在答辩工作结束后一周内交教务处。与此同时,由各系负责从各专业成绩为"优秀"的毕业论文(设计)中,按一定比例推荐作为院级优秀毕业论文(设计),学院每年组织评选院级优秀毕业论文(设计),并将评出的院级优秀毕业论文(设计)汇编成册,再在此基础上推荐0.1%(全体毕业论文)参加江苏省教育厅组织的优秀毕业论文(设计)评比。院级以上的毕业论文(设计)除满足毕业论文(设计)成绩为"优秀"标准外,还要求有一定的创新性和实用价值。

附件四：苏州农业职业技术学院毕业论文（设计）评审记录表

系：　　　　　　专业、班级：

学生姓名		题目		指导教师	
指导教师评语					
				签名： 　　　年　　月　　日	
评阅教师评语					
答辩小组意见					成绩
		组长签名： 　　　年　　月　　日			
系主任意见					
		主任签名： 　　　年　　月　　日			

附件五：苏州农业职业技术学院毕业论文(设计)答辩情况记录表

系：　　　　　　　　　专业、班级：

学号		学生姓名		指导教师		答辩日期	
论文(设计)题目							
答辩提问情况记录							
答辩小组组长			答辩小组成员				
记录人			系主任				

附件六:苏州农业职业技术学院毕业论文(设计)题目及成绩汇总表

系:　　　　　　　专业、班级:

学　号	学生姓名	指导教师	论文(设计)题目	成　绩	备　注

本章小结

毕业论文(设计)是培养学生综合运用所学知识与技能,解决具有一定复杂程度工程实际问题的实训项目,是学生综合素质与培养效果的全面检验,是学生毕业资格的重要依据,也是高职院校教育教学质量的综合反映。毕业论文(设计)撰写的一般过程是:指导教师提出选题,专业教研室筛选和分组形成课题,系部公布课题→学生选题→编制、提交任务书(须经指导教师签字、系主任审批后方可实施)→学生实施调查和研究或进行实验或进行设计,查阅和收集大量的资料→撰写毕业论文(设计)初稿→指导教师多次指导和预审→修改、定稿→打印、装订、提交。

毕业论文(设计)答辩是毕业工作的重要组成部分,学生要在规定时间内上交所有的文件材料,在指导教师和评阅教师的评阅、评分基础上,经答辩小组形式审查后方可参加答辩。答辩分两步:先由学生阐述自己论文的主要内容和成果结论,后由答辩教师提出质询,答辩时间每位学生控制在20分钟以内。答辩组根据毕业论文(设计)的质量、答辩情况,参考指导教师和评阅教师的意见给出综合评分,写出综合评语,确定学生的毕业论文(设计)的成绩。成绩分为优秀、良好、中等、及格和不及格五个等级。学院还将在优秀等级中评选院级优秀论文汇编成册,同时按一定比例推荐到江苏省教育厅参加论文评比。

 复习思考

1. 为什么毕业论文(设计)的成绩评定必须由指导教师、评阅教师和答辩小组三方共同完成?
2. 毕业论文(设计)前期、中期和后期检查的主要内容是什么?

附录 苏州农业职业技术学院园林技术专业（含园林工程技术）教学计划

（专业代码:510202　专业所属系：园艺与园林系）

一、招生对象与学制

招生对象：高中毕业生及"3+3"高职生。

学　　制：三年。

二、培养目标

（一）培养目标

培养适应社会主义现代化建设和地方经济发展需要，面向生产、建设、管理、服务第一线，具有良好的职业道德和现代审美意识，掌握城镇园林绿地规划与设计、园林图纸表现与制作、园林工程施工与管理、园林植物栽培与养护基本理论及基本技能，德、智、体、美全面发展的高等技术应用性专门人才。

（二）人才规格要求

（1）热爱社会主义祖国，拥护党的基本路线，懂得马列主义、毛泽东思想、邓小平理论和"三个代表"重要思想，具有爱国主义、集体主义、社会主义思想和良好的思想品德。

（2）具有园林技术专业必备的文化基础知识和专门知识，具备从事本专业领域实际工作的基本能力和基本技能。

（3）具有较强的社会适应性，具备较快适应生产、建设、管理、服务第一线岗位需要的实际工作能力。

（4）具有必要的体育、心理、卫生保健知识和健康的体魄及良好的心理素质。

（5）具有自觉创新意识和自主创业的精神，具有不断获取知识、开发自身潜能、适应岗位变更的能力。

三、主要工作岗位

（一）园林技术

（1）在园林规划与设计公司、园林景观设计或咨询公司等单位从事施工绘图员、园林设计员或助理设计师工作。

（2）在园林绿化工程公司从事工程预决算、项目招投标等技术服务工作，担任预算员、材料员。

（3）在高尔夫球场等单位从事草坪养护管理工作，担任草坪养护工。

（二）园林工程技术方向

（1）在园林绿化工程公司、园林监理公司等单位从事园林工程施工组织、工程施工监理工作,担任施工员、监理员。

(2) 在园林花木生产企业从事苗圃生产管理与经营工作,担任技术管理员。

(3) 在城市公园、风景名胜区、植物园、学校、机关等单位从事园林植物养护与管理工作,担任植保工、技术管理员。

根据国家职业岗位设置,园林技术专业具备以下职业能力,见表1-1:

表1-1　园林技术专业职业岗位群表

序号	职业类及代码	职业名称及代码
1	建筑工程技术人员(2-02-21)	城镇规划设计工程技术人员(2-02-21-01)
2	林业工程技术人员(2-02-23)	园林绿化工程技术人员(2-02-23-03)
3	花卉作物生产技术(5-01-03)	花卉园艺工(5-01-03-0.2)
4	旅游及公共游览所服务人员(4-04-02)	插花员(2-02-21-04)
		盆景工(4-04-02-05)
		园林植物保护工(4-04-02-07)
5	计算机辅助设计绘图员	计算机辅助设计绘图员

四、知识、能力和素质结构

(一) 知识结构要求

(1) 具备一定的政治、道德、法律、体育和心理素质。

(2) 掌握美术、测量、制图、植物生长与环境等基础知识。

(3) 掌握园林植物形态、习性、繁育、栽培、养护与应用等知识与能力。

(4) 掌握园林植物病虫害综合防治基本知识。

(5) 掌握园林绿地规划与设计、园林建筑设计知识。

(6) 掌握园林工程、施工管理与预算的知识与技术。

(7) 掌握计算机辅助设计的知识与能力。

(二) 能力结构要求

(1) 掌握园林技术专业基础造型技能与创意表达技能。

(2) 实用英语水平应通过国家 B 级或 A 级,专业英语水平应具有初步的应用能力。

(3) 具备职业(岗位)技能达到国家有关部门规定的相应工种职业资格认证的要求或通过相关工种中级或高级工职业技能鉴定。

(4) 具有从事本专业相关职业活动所需要的社会行为能力和创新能力。

(5) 具备较强的组织、协调能力,将自身技能与群体技能融合的能力以及积极探索、开拓进取、自主创业的能力。

(三) 素质结构要求

(1) 具有正确的世界观、人生观、价值观和职业道德观,具备有理想、有道德、有文化、守纪律的公民素质。

(2) 具有为国家富强和人民富裕而艰苦奋斗的心理素质和奉献精神,热爱劳动,坚持四项基本原则,努力学习马列主义、毛泽东思想、邓小平理论和"三个代表"重要思想,勇于创新,爱岗敬业。

(3) 具备一定的体育、卫生、军事、美学知识和技能,达到《国家体育锻炼标准》规定的要求,养成良好的卫生与锻炼身体的习惯,具有健康的体魄、良好的体能和适应本职岗位工作的身体素质。

五、课程结构

1. 必修课、方向课和公选课的学时比例

(1) 园林技术:

课程结构	必修课	方向课	公选课
学时	1 534	346	180
百分比	52.2%	11.8%	6.1%

(2) 园林工程技术:

课程结构	必修课	方向课	公选课
学时	1 534	346	180
百分比	52.2%	11.8%	6.1%

2. 理论课和实践课的课时比例

(1) 园林技术:

课程结构	理论教学	实践教学
学时	1 665	1 269
百分比	56.8%	43.2%

(2) 园林工程技术:

课程结构	理论教学	实践教学
学时	1 689	1 245
百分比	56.8%	43.2%

六、课程内容、教学目标及学时、学分分配

(一) 基础必修课

(1) 毛泽东思想概论、邓小平理论与"三个代表"重要思想(58学时,4学分,考查)。

这是对毛泽东思想、邓小平理论和"三个代表"重要思想的形成、发展的社会基础和历史必然性,以及其科学体系、基本原理、基本观点、活的灵魂、历史地位和指导作用等基本问题的概要论述的课程。学习本门课程,使学生了解近现代中国社会发展的规律,增强坚持中国共产党的领导和走社会主义道路的信念;培养学生运用马克思主义的立场、观点和方法分析问题、解决问题的能力,增强贯彻党的基本理论、基本路线、基本纲领和基本经验以及各项方针政策的自觉性、坚定性,积极投身全面建设小康社会的伟大实践。

(2)《思想道德修养与法律基础》(45学时,3学分,考查)。

这是根据学生成长的基本规律,综合运用相关的学科知识,帮助学生树立正确的世界观、人生观、价值观和道德观、法制观,打下扎实的思想道德和法律基础,提高自我修养的课程。该课程对于促进学生德、智、体、美、劳全面发展,提高思想、道德和法律素质,完善和优化知识结构和文化素质等具有重要意义。

(3)《体育与健康》(120学时,4学分,考查)。

本课程以田径、球类、健美操(女生)以及体育知识、生理知识和卫生保健知识为基本内容,按照《国家体育锻炼标准》指导学生进行锻炼,促进学生身心的正常成长,不断增强学生的体质和体能,学生毕业后能够适应本专业的要求。考核由体育教研室按照国家标准进行,不合格者不得毕业。

(4)《实用英语》(144学时,10学分,考查)。

本课程采用讲授法、交际法、任务型教学法和自学法等多种教学方法,对学生进行系统的英语训练,培养学生有一定的听、说、读、写、译的能力。通过实用英语两册书的学习,学生能听懂简单的日常会话、能用英语进行简单的交流,能看懂一般的商务信函,会写一般的商务信件,能翻译一般的商务信件以及产品说明书等。达到高职高专课程要求的A、B级水平。本课程安排在第一、第二学期授课,期末进行统一考试。

(5)《计算机应用基础》(56学时,4学分,考查)。

本课程旨在使学生了解相关的基础知识,掌握相应的基本操作技能,包括计算机硬件和软件的基本概念、微机的基本构成、计算机网络、信息安全和数据库的基本知识、计算机操作系统Windows 2000、文字处理软件Word 2000、电子表格软件Excel 2000和文稿演示软件PowerPoint 2000的基本知识及基本操作等。了解计算机硬件与计算机软件的关系以及计算机发展趋势,使学生具有较强的计算机实际应用操作能力。

(6)《高等数学》(56学时,4学分,考试)。

本课程主要介绍导数、定积分、不定积分、空间解析几何、多元函数微积分等基本知识。通过本课程的学习,学生理解微积分相关基本概念、性质,掌握微积分解题方法;理解概率论与数理统计的基本理论,掌握用概率论与数理统计解决实际应用问题的方法。课程采用平时测试与期末考试相结合的方式进行考核。

(7)《应用文写作》(56学时,4学分,考试)。

本课程主要使学生系统地掌握常用的应用文体的写作知识和方法,获取必要的应用文写作能力和文章分析处理能力,使他们的实际写作水平得到一定程度的提高,以适应当前和今后在学习、生活、工作以及科学研究中的写作需要。本课程主要讲授秘书常用应用文体写作基本知识,重点介绍各种应用文的格式和写作方法以及写作技巧。通过系统教学,学生在了解、掌握应用文写作的基础知识上,培养、训练应用文的基本写作技能。课程突出广泛性、针对性和应用性,强调基础理论的同时突出写作训练,采用过程考核与期末考核相结合的方式进行考核。

(二)专业大类课程

(1)《园林美术》(60学时,4学分,考查)。

本课程主要讲解素描、色彩、钢笔画等基本概念和绘画方法、步骤,及透视、构成、色彩的基本原理。

(2)《园林测量》(60 学时,4 学分,考试)。

本课程主要讲解测量的基础知识,水准仪原理与使用,经纬仪的原理与使用,大、小平板仪的原理与使用;平面测量,高程测量,土方测量,平面图绘制等。

(3)《园林规划设计》(64 学时,4 学分,考试)。

本课程主要讲解园林设计的基本原理、景与造景、不同类型园林的比较、各种类型园林与绿地的设计实例等,采用书面考试与绘图设计相结合的方式。

(4)《AutoCAD 辅助设计》(68 学时,4 学分,考查)。

本课程主要讲解 AutoCAD 的基础知识、基本绘图方法、基本编辑方法、图层与图块、文本标柱、尺寸标柱等,以及利用 AutoCAD 进行辅助园林设计。

(5)《土壤肥料》(60 学时,4 学分,考试)。

本课程主要讲授土壤的类型和基本特征,园林种植土壤的测定方法,肥料的种类和作用,常见的缺素症状及配方施肥技术。

(6)《植物与植物生理》(60 学时,4 学分,考试)。

本课程讲授植物学的发展动态,使学生掌握植物学学科的发展规律,为今后更好地改造和利用植物,为人类的生活服务,为生产建设服务,为园林技术专业课程打下基础。

(7)《园林树木》(60 学时,4 学分,考试)。

本课程主要讲解园林树木的分类、科属特性、习性、分布、造景作用等内容,介绍树木 200 种左右,为园林设计提供素材。

(8)《园林花卉》(60 学时,4 学分,考试)。

本课程主要讲解园林花卉的分类、花卉的特性、花卉的繁殖、花卉的应用四个部分,介绍应时花卉 100 种左右,为园林设计提供素材。

(9)《绿化施工与养护技术》(64 学时,4 学分,考试)。

本课程主要讲解园林树木栽培的基础知识,绿化施工的基本步骤和方法,及园林树木养护措施。

(10)《园林苗木生产技术》(68 学时,4 学分,考试)。

本课程主要讲授种子、苗木、苗圃经营等基础知识,使学生掌握常规的育苗方法和技术。

(11)《园林植物保护》(64 学时,4 学分,考试)。

本课程主要讲解病虫的基本知识,病虫害预测预报方法,常见病虫的防治,新农药及使用方法,波尔多液、石硫合剂等保护剂的配制。

(12)《园林工程施工技术》(68 学时,4 学分,考试)。

本课程主要讲解园林工程土方量的计算、水景工程、假山工程、道路工程、种植工程、照明工程等内容。

(13)《园林工程预决算》(34 学时,2 学分,考查)。

本课程主要讲授一般性园林工程预算的基本知识和国家规范,使学生掌握园林工程预决算的基本方法和编制能力。

(14)《园林经营与管理》(30 学时,2 学分,考查)。

本课程主要讲授园林经营管理的基础知识,使学生掌握现代经营管理模式在园林行业中的应用。

(15)《课题研究》(34 学时,2 学分,考查)。

本课程主要讲授课题的申请、实验试验方法、专业论文撰写规范等方面的知识。

(16)《园林专业英语》(34 学时,2 学分,考查)。

本课程主要讲授与园林绿化等方面相关的专业英语,使学生掌握一些常用的园林、园艺专业英语词汇,并能阅读相关专业的英文文献。

(17)《园林测量实训》(30 学时,1 学分,考查)。

本课程根据提供的场地进行现场实测,并绘制成平面图,主要使用的仪器有平板仪、水准仪和经纬仪。

(18)《园林树木实训》(18 学时,0.5 学分,考查)。

本课程要求学生掌握和识别本地区园林树木 150 种左右。

(19)《园林花卉实训》(18 学时,0.5 学分,考查)。

本课程要求学生掌握和识别本地区园林花卉 50 种左右。

(20)《园林植物保护实训》(15 学时,0.5 学分,考查)。

要求学生识别常见园林植物病害、虫害、杂草,并掌握其防治方法。

(21)《园林工程施工实训》(30 学时,1 学分,考查)。

参观园路工程、土方工程、叠山工程、理水工程、园林小品工程、园林铺装工程等施工工地,并绘制某小型绿地的施工结构图及编制施工组织方案。

(三) 专业方向课

1. 园林技术限选课

(1)《园林制图》(60 学时,4 学分,考查)。

本课程主要讲解园林绘图的基础知识和园林制图的基本原理、方法与步骤。

(2)《园林生态学》(64 学时,4 学分,考查)。

本课程主要讲授园林生态学的概念、作用,景观植物的生态习性、应用和对改善环境的影响。

(3)《草坪建植与养护》(64 学时,4 学分,考试)。

本课程主要讲解草坪的作用、草坪的种类、草坪的营造、草坪的养护,介绍常用的草坪植物及应用。

(4)《园林建筑设计》(68 学时,4 学分,考试)。

本课程主要讲授园林建筑的概念、类型、构造,常用的设计方法、设计原则及案例要点分析等。

(5)《园林史》(30 学时,2 学分,考查)。

本课程主要讲解中国古典园林的发展简史,外国园林的主要代表形式,中国园林各时期的主要特点和表现形式。

(6)《园林规划设计实训》(30 学时,1 学分,考查)。

参观和调查苏州或周边地区的城市园林绿地,结合某类小型绿地进行规划与设计,并编制成设计文本。

(7)《园林建筑设计实训》(30 学时,1 学分,考查)。

通过外出参观学习,增强对园林建筑的外观、结构的感性认识,同时进行真题或假题设计,强化专业技能操作。

2. 园林工程技术限选课

(1)《园林制图》(30学时,2学分,考查)。

本课程主要讲解园林绘图的基础知识和园林制图的基本原理、方法与步骤。

(2)《园艺设施》(60学时,4学分,考试)。

本课程主要讲授设施的种类、结构、性能及其应用,重点介绍大棚和温室及温、光、水调控技术。

(3)《园林机具使用与维护》(64学时,4学分,考试)。

本课程主要讲授园林生产中常用工具种类,机具的结构、性能及使用方法,以及园林机具的保养与维修知识。

(4)《园林工程项目管理》(64学时,4学分,考试)。

本课程讲授园林工程项目的前期策划、范围管理、工程项目组织、项目管理组织、企业中的项目组织、进度管理、成本管理、采购和合同管理、质量管理、风险管理、沟通管理和信息管理等理论、方法和手段。

(5)《园林工程监理》(68学时,4学分,考试)。

本课程讲授园林工程监理文件的编制,监理工作范围及主要内容,监理组织机构及监理人员职责,施工阶段质量、造价、进度监理等。

(6)《绿化施工与养护实训》(30学时,1学分,考查)。

要求学生掌握和识别本地区园林树木100种左右,识别常见的园林植物病虫及病害,并能够有效地选择市场上的农药。

(7)《园林苗木生产实训》(30学时,1学分,考查)。

要求学生了解当前苗木市场行情,苗木出圃的规格与质量要求,掌握种子品质检验技术、种子沙藏技术、园林树木种子播种技术、扦插和嫁接要领、各类大苗培育中的关键移植与修剪技术、苗木容器育苗技术。

(四)任选课(180学时,12学分)

课程和考核方式由学院统一安排,学生必须修满12学分才准予毕业。考核类型:考查。

(五)其他教学环节

(1)入学教育(30学时,1学分)。

本课程主要讲授入学安全、如何适应大学生活、如何有效学习、如何获取知识等。考核采用点名和检查笔记的方式,合格者取得学分。

(2)军训与军事理论教育(90学时,3学分)。

本课程主要讲授军事知识,安排实际军事训练,考核采用点名、军事技能考核和书面考试的方式,合格者取得学分。

(3)形势与政策(64学时,1学分)。

教育和引导广大学生正确认识国际政治经济及其发展的大背景、大格局、大趋势,正确认识和分析国内外形势,全面准确地理解中央的方针政策,坚定信念,努力学习,全面提高思想政治素质。

(4)就业与创业指导(30学时,1学分)。

由校团委或系部团总支组织学生参与"大学生就业与创业指导"方面的专题学习。

(5)专题讲座(30学时,1学分)。

在校期间,听取相关专题讲座不得少于一次。

(6)社会实践(30学时,2学分)。

由校团委或系部团总支统一安排在双休日或暑假期间进行,不定专题,学生自己进行社会实践调查,采用提交社会实践报告的方法考查。

(7)职业技能等级证书(30学时,1学分)。

以学生利用课余时间进行自学和教师课堂辅导相结合的方式,帮助学生掌握基本知识和技能,经考试获取相关国家职业技能证书为合格,取得学分。

(8)毕业教育(30学时,1学分)。

毕业教育主要讲如何适应社会生活、如何有效寻找工作和与人相处等。

(9)毕业实习(510学时,17学分)。

以学生上交的毕业实习鉴定表和毕业实习总结为主要依据进行考核。

(10)毕业论文(30学时,1学分)

在专业教师指导下,学生结合各自的实习内容进行专业论文撰写,以答辩的形式进行考核。

七、职业能力考核体系

序号	考核项目	等级要求	考核发证部门	考核学期	类型		学分
					必考	鼓励	
1	高校英语应用能力	B级或A级	教育部	2	√		4
2	全国计算机等级考试	一级	教育部	3		√	4
3	园林绿化工	中级	劳动与社会保障部	5	√		1
4	花卉园艺工	中级	劳动与社会保障部	5		√	1
5	园林植物保护工	中级	劳动与社会保障部	5		√	1
6	计算机辅助设计绘图员	中级	劳动与社会保障部	5		√	1

八、其他说明

(一)毕业

三年制高职园林技术专业实行"2.5+0.5(毕业实习)"学制模式,一般安排学生在最后一学期进行毕业实习。实习期间要求学生参与相关专业的社会实践锻炼,认真做好实习小结,填写实习鉴定表,根据指导老师提供的毕业论文(设计)任务书认真撰写毕业论文(设计),参加论文答辩,成绩合格后方能取得毕业证书。

毕业论文(设计)必须按照《苏州农业职业技术学院毕业论文(设计)撰写规范》的要求及统一制定的格式,在指导老师的指导下完成。

(二)产学研结合

生产是试金石,教与学是基础,科研是制高点,只有三者密切结合才能培养新时期高素质人才。坚持教学、科研和生产相结合,积极倡导"围绕专业办产业,办好产业促专业"的办学理念,逐步试行企业化管理校内实习基地的新机制,积极开拓国内市场,努力使园林技术专业优势转化为产业优势,这样既促进了校内实训基地的建设,又促进了园林技术专业的健康发展。

(三)课外素质教育

为了培养学生养成健康的心理习惯,提高他们的综合素质,在教学计划上有意识地设置了实践教学、实践形式与政策教学等环节。此项教学由校团委及系团支部组织实施,可结合社团开展。

九、专业教学计划

园林技术专业(含园林工程技术)课程设置及教学时数分配见表1-2。

表1-2 苏州农业职业技术学院07级园林技术专业(含园林工程技术)教学计划表(课程设置及教学时数分配)

课程类别	课程编号	课程名称	学分	学时数			各学期周学时分配						成绩考核	
				合计	理论教学	实践教学	一	二	三	四	五	六	考试	考查
基础必修课平台	090003-1	毛泽东思想概论、邓小平理论与"三个代表"重要思想	2	28	24	4	2							√
	090003-2		2	30	26	4		2						√
	090004	思想道德修养与法律基础	3	45	37	8			3					√
	076001-1	体育与健康	1	28	2	26	2							√
	076001-2		1	30	2	28		2						√
	076001-3		1	30	2	28			2					√
	076001-4		1	32		32				2				√
	030042-1	实用英语	6	84	84		6							√
	030042-2		4	60	60			4						√
	040059	计算机应用基础	4	56	26	30	4						√	
	072001-1	高等数学	4	56	56		4							√
	071005	应用文写作	4	56	48	8	4						√	
		小计	33	535	367	168	22	8	5	2			√	

续表

课程类别	课程编号	课程名称	学分	学时数			各学期周学时分配						成绩考核	
				合计	理论教学	实践教学	一	二	三	四	五	六	考试	考查
专业大类课程平台	010201	园林美术	4	60	30	30	4							√
	010220	园林测量	4	60	44	16	4						√	
	010206	园林规划设计	4	64	48	16				4				√
	010211	AutoCAD辅助设计	4	68	38	30					4			√
	025016	土壤肥料	4	60	52	8	4						√	
	010182	植物与植物生理	4	60	44	16	4						√	
	010184	园林树木	4	60	60			4					√	
	010187	园林花卉	4	60	44	16		4					√	
	010227	绿化施工与养护技术	4	64	56	8				4			√	
	010226	园林苗木生产技术	4	68	52	16					4		√	
	010361	园林植物保护	4	64	56	8				4			√	
	010221	园林工程施工技术	4	68	54	14					4		√	
	010224	园林工程预决算	2	34	34						2			√
	010242	园林经营与管理	2	30	30				2					√
	010234	课题研究	2	34	30	4					2			√
	010241	园林专业英语	2	34	34						2			√
	010284	园林测量实训	1	30		30	√							√
	010188	园林树木实训	0.5	18		18		√						√
	010189	园林花卉实训	0.5	18		18		√						√
	010369	园林植物保护实训	0.5	15		15				√				√
	010286	园林工程施工实训	1	30		30					√			√
		小　计	59.5	999	706	293	0	16	10	12	18			
园林技术限选课	010205	园林制图	4	60	30	30	4							√
	010372	园林生态学	4	64	56	8				4				√
	010122	草坪建植与养护	4	64	48	16				4			√	
	010207	园林建筑设计	4	68	52	16					4		√	
	010240	园林史	2	30	30				2					√
	010285	园林规划设计实训	1	30		30				√				√
	010287	园林建筑设计实训	1	30		30					√			√
		小　计	20	346	216	130				6	8	4		

续表

课程类别	课程编号	课程名称	学分	学时数			各学期周学时分配						成绩考核	
				合计	理论教学	实践教学	一	二	三	四	五	六	考试	考查
园林工程技术方向限选课	010204	园林制图	2	30	26	4		2						√
	010190	园艺设施	4	60	46	14		4					√	
	010222	园林机具使用与维护	4	64	52	12				4			√	
	010228	园林工程项目管理	4	64	56	8				4				√
	010225	园林工程监理	4	68	60	8					4		√	
	010288	绿化施工与养护实训	1	30		30			√					√
	010283	园林苗木生产实训	1	30		30				√				√
		小　计	20	346	240	106			6	8	4			
公共选修课		课程由学院统一安排	12	180	180									√
其他教学环节	001001	入学教育	1	30	30		√							
	001002	军训与军事教育	3	90	30	60	√							
	090005	形势与政策	1	64	16	48	√	√	√					
	001008	就业与创业指导	1	30	30		由学工处统一安排							
	010043	专题讲座	1	30	30		由系统一安排							
	001003	社会实践	2	30		30	√							
	001004	职业技能等级证书	1	30		30				√	√			
	001006	毕业教育	1	30	30							√		
	001005	毕业实习	17	510		510						√		
	001007	毕业论文	1	30	30							√		
		小　计	29	874	196	678								
（园林技术)合计			153.5	2 934	1 665	1 269	22	24	21	22	22			
（园林工程技术)合计			153.5	2 934	1 689	1 245	22	24	21	22	22			

说明：

1. 园林技术方向主干课程为《园林树木》、《园林植物保护》、《AutoCAD 辅助设计》、《园林规划设计》、《园林建筑设计》、《园林生态学》。

2. 园林工程技术方向主干课程为《园林树木》、《园林植物保护》、《园林工程施工技术》、《绿化施工与养护技术》、《园林苗木生产技术》、《园林工程监理》。

参 考 文 献

1. 梁伊任.园林建设工程.北京:中国城市出版社,2000.
2. 刘卫斌.园林工程技术.北京:高等教育出版社,2006.
3. 张建林.园林工程.北京:中国农业出版社,2002.
4. 刘师汉,胡中华.园林植物种植设计与施工.北京:中国林业出版社,1999.
5. 郭学望,包满珠.园林树木种植养护学.北京:中国林业出版社,2004.
6. 韩烈保等.草坪建植与管理手册.北京:中国林业出版社,2001.
7. 潘文明.草坪建植与养护.北京:高等教育出版社,2006.
8. 潘文明.观赏树木.北京:中国农业出版社,2002.